GERT G. VON HARLING

HARTWIG VON SEYDLITZ

Auf PIRSCH in Deutschland und Namibia

Zwei erfahrene Jagdfreunde erzählen

Müller Rüschlikon

Einbandgestaltung: R2 I Ravenstein, Verden

Titelfotos: ©Ana Gram/stock.adobe.com: links oben; ©Ronny Behnert/stock.adobe.com: rechts oben; ©Remo Engelbrecht: beide Fotos unten

Bildnachweis:
©Wirestock Creators/Shutterstock.com: S. 4; ©PACO COMO/Shuttersock.com: S. 5; ©Photo Africa SA/Shutterstock.com: S. 8/9; ©Vanatchanan/ Shutterstock.com: S. 20/21; ©New Africa/Shutterstock.com: S. 25 links; ©Ana Gram/stock.adobe.com: S. 26 rechts; ©Philippe Clement/ Shutterstock.com: S. 27 (Fischotter); ©Piotr Krzeslak/Shutterstock.com: S. 27 (Eisvogel); ©Piotr Poznan/Shutterstock.com: S. 29 oben; ©Wirestock Creators/Shutterstock.com: S. 29 unten; ©Nataliia Melnychuk/Shutterstock.com: S. 31 oben; ©Niko_V/Shutterstock.com: S. 31 unten; ©Wirestock Creators/Shutterstock.com: S. 33; ©Lukas Zdrazil/Shutterstock.com: S. 34/35; ©Michal Pesata/Shutterstock.com: S. 35; ©WildMedia/Shutterstock.com: S. 43; ©ChristianLoe/Shutterstock.com: S. 43 (Kornfeld); ©Szczepan Klejbuk/Shutterstock.com: S. 44/45; ©BBA Photography/Shutterstock.com: S. 51; ©Veran36/Shutterstock.com: S. 52/53; ©AngelaM_SA/Shutterstock.com: S. 54; ©Rolands Linejs/ Shutterstock.com: S. 83; ©Danita Delimont/Shutterstock.com: S. 84; ©nshah86/Shutterstock.com: S. 86 oben; ©Fumanyc/Shutterstock.com: S. 86 unten; ©Pierre Leclerc/Shutterstock.com: S. 87; ©Szczepan Klejbuk/Shutterstock.com: S. 98/99; ©Martin Pelanek/Shutterstock.com: S. 101; ©schankz/Shutterstock.com: S. 103 unten; ©CHIEW/Shutterstock.com: S. 103 (Eier); ©WildMedia/Shutterstock.com: S. 105; ©zbynektomek/Shutterstock.com: S. 106/107; ©The Storygrapher/Shutterstock.com: S. 110; ©Dewald Kirsten/Shutterstock.com: S. 111; ©Stacey Ann Alberts/Shutterstock.com: S. 113; ©Slatan/Shutterstock.com: S. 117; ©Maciej Pawlik/Shutterstock.com: S. 125; ©Foto 4440/ Shutterstock.com: S. 126/127; ©penofoto/Shutterstock.com: S. 129; ©Natallia Yaumenenka/Shutterstock.com: S. 135; ©Erik Mandre/ Shutterstock.com: S. 141; ©jgolby/Shutterstock.com: S. 162/163; ©Mike8585/Shutterstock.com: S. 171

Remo Engelbrecht: S. 6, 7, 12, 17, 18, 19, 22, 24, 25 rechts, 39, 41, 47, 48/49, 50, 56, 57, 59 links oben, 64/65, 68/69, 71 oben, 72/73, 75, 76/77, 79, 81, 85 unten, 144, 145, 93, 94, 95, 109, 113/114, 120/121, 123 oben, 132/133, 137, 138, 143, 147 unten, 148/149, 168/169, 173, 175
Gert G. von Harling: S. 26, 43 kleines Foto, 61, 67, 85 oben, 161
Hans Martin Lösch: S. 63
Werner Nagel: S. 37
Hartwig von Seydlitz: S. 3, 15, 40, 55, 59 rechts und links unten, 60, 71 unten, 91, 123, 147 oben, 154, 159, 166, 175
Burkhard Winsmann-Steins: S. 151, 157

ISBN 978-3-275-02344-8

Postfach 103743, 70032 Stuttgart
Ein Unternehmen der Paul Pietsch Verlage GmbH & Co. KG

1. Auflage 2025

Sie finden uns im Internet unter www.mueller-rueschlikon-verlag.de

Gesamtleitung: Claudia König
Lektorat: Angelika Glock, WupperManufaktur
Druck und Bindung: DZS GRAFIK d.o.o, 1210 Ljubljana, Slovenia

Dieses Buch widme ich meiner Enkeltochter
Josephine, die mit offenem Herzen ein Zuhause
in Schönfeld gefunden hat, so wie ich.

Vorwort
von Dr. Steffen Koch

Wenn zwei höchst erfahrene (Berufs-!)Jäger (Zwischen-!)Bilanz ihres erfüllten (Jagd-!)Lebens ziehen, dann ist das allein schon eine Lektüre wert. Wenn dies mit Hartwig v. Seydlitz und Gert G. v. Harling zwei enge langjährige Freunde tun, dann lohnt die Lektüre doppelt.

Und wenn diese unterhaltsame Rückschau auch noch reflektiert und nachdenklich ausfällt, dann lohnt die Lektüre dreifach!

Gert G. v. Harling und Hartwig v. Seydlitz sind zwei jung gebliebene Haudegen, wie man sie heute nur noch selten findet. Mit Ecken und Kanten ausgestattet statt rundgeschliffen bis zur Unkenntlichkeit, beleuchten sie in ihren Jagdanekdoten die Entwicklung der Jagd(-Kultur) in Deutschland und Namibia in den vergangenen 50 Jahren und liefern damit zugleich für die nachfolgenden Jagdgenerationen einen wichtigen Debattenbeitrag auch bezüglich aktueller (jagdpolitischer) Themen.

Vor allem aber bereitet es großes Lesevergnügen, die kurzweiligen Jagdgeschichten der beiden langjährigen Freunde zu verfolgen!

Ich wünsche diesem Buch die Verbreitung, die es zweifelsohne verdient!

Dr. Steffen Koch
Leiter Deutsche Delegation
des Internationalen Rates zur Erhaltung des Wildes und der Jagd (CIC)

Vorwort
von Axel Cramer

Die Pirsch in Deutschland und Namibia hat meine beiden Jagdfreunde Hartwig v. Seydlitz und Gert G. v. Harling zusammengeführt. Und so lautet auch der Titel des Buches, das sie gemeinsam geschrieben haben: „Auf Pirsch in Deutschland und Namibia“. Es ist ein Buch, das weit über das Thema Jagd hinausgeht – oder besser: Es sprengt seine Grenzen. Ja, die Jagd hat sie zusammengeführt.

Worüber die beiden Jäger nach körperlich anstrengenden Tagen abends und oft bis in die Tiefe der Nacht am Feuer im afrikanischen Busch gesprochen haben, es sprengt die Grenzen des bloßen Jagderlebnisses und führt tief in die Geheimnisse der Jagd und des Menschseins hinein.

Nach dem Jagen bringt man Trophäen heim. Das taten auch sie. Doch ihre Beute wiegt viel mehr – sie besteht aus unauslöschlichen Erkenntnissen und aus dem Verstehen der Jagd und der Natur als dem Bestandteil unseres Menschseins. Diese Gedanken sind in ihrem Buch eingebettet in spannende Jagderlebnisse.

Die gemeinsamen Lagerfeuer von Hartwig und Gert mögen erloschen sein, ihre Erinnerungen aber erlöschen nicht. Sie sind die wahren, unvergänglichen Trophäen. Es sind Trophäen, die sie dank des Buches mit allen Lesern teilen können.

Axel Cramer
Präsident NAPHA
Namibia Professional Hunting Association

Wie dieses Buch entstand

Unzählige interessierte Besucher, die sich zwischen Jagdbekleidung, Hundezubehör, Gewehren, Jagdreiseveranstaltern und den mannigfaltigen Wildbretanbietern nicht entscheiden können, strömen an unserem Stand auf der Messe „Jagd & Hund“ in Dortmund mit seinen verlockenden Postern und den starken Trophäen vorüber. Für meinen Freund Hartwig und mich bleibt wenig Zeit für Privatgespräche. Es gilt, nach Kunden Ausschau zu halten, aber schließlich lichten sich die Reihen der Besucher, der erste Messetag ist vorüber. Nichts wie raus aus der Halle!

Schneegestöber, Glatteis auf den Straßen. Ich sehne mich bei dieser unwirtlichen Witterung nach dem Sonnenland Namibia. Mein Freund Hartwig von Seydlitz, der wie ich seit über 30 Jahren seine Jagdreisen auf der Jagdmesse in Dortmund anbietet, genießt hingegen nach dem Messetrubel die kalte Winterstimmung im Land seiner Vorfahren.

Am Ausgang der riesigen Hallen hebe ich neben den überfüllten Papierkörben zwei Prospekte der Jagdfarm meines Freundes vom Boden auf. Grobe Sohlenabtritte „zieren“ das Titelfoto eines starken Kudubullen in urtümlicher Wüstenlandschaft. Neugierige Messebesucher hatten die kostenlosen attraktiven Hochglanzkataloge mit den wunderschönen Naturaufnahmen achtlos fortgeworfen. Symbolisch für den Verfall guter Sitten, mangelnde Wertschätzung der Natur oder Vorurteile gegenüber der Jagd?

Wehmütig beginne ich eine Unterhaltung über „The good old african days“. Gehören sie wirklich endgültig der Vergangenheit an? Der Freund vertreibt meine dunklen Gedanken: „Du bist zu pessimistisch, denk an die schönen Zeiten, die wir gemeinsam hatten. Die Jagd wird uns immer bleiben, ob in Deutschland oder Namibia, nicht nur in verklärter Erinnerung.“ Er fährt fort: „Du wirst demnächst 75 Jahre alt, über zwei Drittel unseres Lebens haben wir zusammen gejagt, komm noch einmal nach Schönfeld!“ – „Allah zählt die Tage nicht, die wir auf der Jagd verbringen“, muntert er mich mit der alten arabischen Spruchweisheit auf, „du wirst sehen, es ist nicht so schlimm, wie du befürchtest.“

Zwei Monate später sitze ich im Flugzeug. Für mich wohl die letzte Reise in die erinnerungsträchtige Vergangenheit eines erfüllten Jägerlebens.

Der viel beachtete Messestand von Schönfeld Safaris, links Hansi Milkereit, treuer Helfer und Freund seit den ersten Messeauftritten, rechts Hartwig von Seydlitz.

Die Gästefarm
Hartwig von Seydlitz
Jagdgalerie
ke von Seydlitz
nfeld

Liebeserklärung an „Südwest“

Meinen Fuß setzte ich erstmals vor über 50 Jahren auf afrikanischen Boden – als Farmeleve in Südwestafrika. Damals begann eine innige Freundschaft zu dem wunderbaren Land, die sich zu einer wirklich tiefen Liebe entwickelte, einer Liebe zu unbeschwerten, fröhlichen Menschen, die in Einklang mit einer großartigen Natur lebten.

Begeisterung und Naturverbundenheit zählten bei ihnen mehr als Luxus, Hightech und käufliches Vergnügen. Jagen besaß damals den Hauch der Ursprünglichkeit, verlangte Abenteuerlust und Risikobereitschaft. Massentourismus war ein noch fremder Begriff.

Von den Einheimischen wurde ich wie ein Freund aufgenommen, durfte mich mit dem Wildreichtum dieses Kontinents vertraut machen und daran teilhaben, lernte viel über Afrikas Flora und Fauna und das Leben in unberührter Natur.

Auf meinen Streifzügen durch das Veld, wie das offene, ebene Grasland der subtropischen Höhengrassteppen im südlichen Afrika genannt wird (Veld bedeutet „Land außerhalb der Stadt“), wurde meine Liebe zu Afrika immer größer, je öfter ich dort war, je tiefer ich in das Innere vordrang und je mehr dieser faszinierende, ja inspirierende Erdteil sich mir öffnete.

Es begann mit dem „Traumland Südwest“, wie es der Schriftsteller Hans-Otto Meissner nannte, mit seinem ewig blauen Himmel, seiner kargen Landschaft und dem dennoch abwechslungsreichen Wildbestand, wo ich meinen Freund Hartwig von Seydlitz traf und mit ihm zahlreiche Safaris unternahm. Von ihm lernte ich viel über seine Heimat, durfte an seinem Wissen sowie an seiner Erfahrung partizipieren und bin bis heute tief dankbar für diese Freundschaft.

Der Zauber, mit dem mich Namibia in seiner ganzen grandiosen Schönheit, mit der Einmaligkeit seiner Tier- und Pflanzenwelt von Beginn an begeistert hat, hält unvermindert an.

Afrika ist ein Kontinent gigantischer Gegensätze zwischen bitterer Armut und großem Reichtum, Weite und Enge, blühenden Landschaften und kargem Lebensraum, dichtem Busch und

Giraffen – auf Schönfeld kein ungewöhnlicher Anblick.

Eine unglaublich vielfältige Vogelwelt (Bienenfresser), beeindruckende Baumdenkmale (Affenbrotbaum/Baobab) und vieles, vieles mehr hat Südwestafrika zu bieten.

vegetationsloser Wüste, überschäumender Lebensfreude und tiefer Melancholie, Eile und Lethargie, Liebe und Hass, zwischen eisiger Kälte und glühender Hitze.

Trotz der großen Veränderungen in den letzten Jahrzehnten hat Afrika für mich nichts von seiner ursprünglichen Faszination verloren.

Während in Europa Naturgewachsenes unbedacht, unbescheiden, unvernünftig dem Fortschritt geopfert wird, die Zerstörung der Schöpfung mit Riesenschritten voranschreitet, bietet Afrika noch ökologisch intakte Naturräume.

Bequemlichkeit, Reichtum, auf die Spitze getriebene Hightech – all das bedeutet vielen Einheimischen nicht so viel wie den Europäern.

In der Landbevölkerung ist Ehrfurcht vor der Schöpfung, auch vor Naturgewalten, noch tief verwurzelt, während Europäer da viel nüchterner denken. Zivilisation und Luxus, durch die der Mensch der Natur zunehmend entfremdet wird, haben in Afrika nicht den Stellenwert wie in der „alten Welt".

In weiten Teilen dieses gewaltigen Erdteils scheint die Welt noch in Ordnung, die Natur sich noch im Gleichgewicht zu halten.

Ist es die unergründliche Weite mit ihrer Fülle verschiedener Landschaften und einer fast mythischen Pflanzen- und Tierwelt?

Ist es das besondere Klima, das die meist fröhlichen und genügsamen Menschen dort auszeichnet? Ist es die klare, saubere Luft oder die wilde Ursprünglichkeit des Landes?

Sind es die unvergesslichen Sonnenaufgänge mit ihrem atemberaubend schnellen Wechsel von tiefem Purpur über unzählige Rotabstufungen bis hin zu sattem Gelb, Gold und Orange, wenn sich die Sonne über den Horizont erhebt?

Oder sind es die nächtlichen fremden und doch so vertrauten Geräusche und Gerüche unter dem unendlichen klaren Sternenhimmel?

Wahrscheinlich ist es alles zusammen und noch vieles mehr, was Afrika für mich so besonders, so einzigartig macht und mich nicht mehr loslässt.

Die Anzeichen mehren sich allerdings, dass auch in Namibia die Nachteile der Zivilisationsentwicklung, der Druck durch Bevölkerungs- und Wirtschaftswachstum zunehmen. Ich träume oft von meinen Safaris mit Hartwig, habe vieles in meinen Büchern veröffentlicht und hoffe, dass solche Reisen für unsere Kinder und unsere Enkel auch in Zukunft Wirklichkeit werden und nicht nur Träume bleiben.

Erster Teil:

Jugend im Garten Eden

Wer ein Feuer hat, ist nie allein

Feuer ist neben Wasser, Erde und Luft eines der vier Grundelemente, und erst das Wissen um seinen Einsatz hat den Menschen zum wirklichen Menschen gemacht. Ohne Feuer, ohne Wärme gäbe es kein Leben.

Der Sage nach brachte der griechische Gott Prometheus das Feuer auf die Erde, und damit begann die menschliche Zivilisation. Kochen, Heizen aber auch geplante Zerstörungen wurden möglich, nachdem Homo sapiens gelernt hatte, Feuer zu machen und damit umzugehen. Mit Werkzeugen können auch manche Tierarten umgehen, die Nutzung des Feuers aber ist eine Domäne des Menschen.

Lagerfeuer gehören zu meinem Leben wie das Salz zur Suppe. Sie üben auf mich eine faszinierende Macht aus, sind wie eine niemals versiegende Quelle der Inspiration und der Sicherheit. Feuer haben mir mein Essen gekocht, mich gewärmt, meine Kleidung getrocknet, Licht gespendet, Insekten und Raubwild vertrieben, mich beschützt, mein Wasser abgekocht, mich am Leben erhalten, meine Gedanken beflügelt und mir meine Träume bewahrt.

„Wer ein Feuer hat, ist nie allein“, sagt man in der Wildnis, und es ist bekannt, dass das warme Licht der Flammen eine beruhigende Wirkung auf den menschlichen Organismus ausübt.

Und nun sitzen mein Freund und ich nach zwei Jahren wieder gemeinsam unter dem Kreuz des Südens am Lagerfeuer. Prasselnde Flammen springen von links nach rechts, züngeln in bläulich grünen Farbtönen an den Holzscheiten empor, es knackt, lodert, schimmert, leuchtet. Rauch und Funken fliehen davon.

Immer den Überblick behalten: Ein Madenhacker hält Ausschau vom Kopf einer weiblichen Giraffe.

Allmählich wird mir meine Umgebung wieder vertraut. Meine Sinne müssen sich erst wieder an die vielen Eindrücke gewöhnen, die sie in europäischer Zivilisation entbehren mussten. Augen und Ohren brauchen Zeit, sich erneut auf den afrikanischen Busch einzustellen, aufs Neue zu lernen, was einst in Fleisch und Blut übergegangen und dann vom hektischen Leben in Deutschland verdrängt, verschluckt worden war. Erinnerungen keimen auf.

Jagen in Afrika ist für mich der Inbegriff der Freiheit. Nun zieht mich dieser fremde und mir doch so vertraute Kontinent voller Kontraste und unvergleichlicher Naturschönheiten mit unbändiger Geschwindigkeit wieder in seinen Bann, nimmt Besitz von mir, umfasst mich wie eine Klammer und hält mich fest. Es ist wie die Begrüßung zweier alter Freunde, die sich jahrelang nicht gesehen haben und nach einer innigen Umarmung unvergessliche, prägende, freudige und traurige Erinnerungen austauschen.

Ich bin glücklich, endlich wieder gemeinsam mit dem Freund im Busch zu sein.

Endlich kann ich alle heimatlichen Pflichten abstreifen, Zwänge, wie permanente Erreichbarkeit, Stress am Computer, nutzlose Korrespondenz lesen, Rechnungen überprüfen, unerfreuliche Termine wahrnehmen, Parkplätze suchen, kurz, eingebunden sein in ständige Alltagszwänge, vergessen.

Alle Belastungen lasse ich viele Tausend Meilen hinter mir und sitze mit dem Freund am Feuer im afrikanischen Busch, dort, wo die Freiheit wohnt – eine Reise in die Vergangenheit. Die Flammen werden kleiner. Ich erinnere mich an eine Zeit, die über 50 Jahre zurückliegt.

„‚Es war einmal', so fangen fast alle deutschen Märchen an", sage ich in die Stille hinein.

„Was ist übrig geblieben von der Jagd, wie sie unsere Väter ausübten und auch wir es noch tun?", überlege ich laut. Nach langen Minuten des Schweigens legt mein Freund einen weiteren knorrigen Ast auf die Glut, erinnert sich an die gute alte Zeit, die wir beide noch miterleben durften, und beginnt zu erzählen.

Vom Katapult zum Kleinkaliber

Wir Jungen stromerten glücklich im Busch herum, meistens barfuß. Ging ich mit meinen Brüdern zur Jagd, waren wir auf uns selbst angewiesen. Oft haben wir, wenn wir etwas geschossen hatten und der Heimweg zu lang war, das Fleisch frisch erlegten Wildes auf dem Feuer gebraten. Leber oder Dickdarm von Antilopen sind durchaus auch ohne Zutaten zu genießen. Ich erinnere mich, dass die Leber von Warzenschweinen grässlich schmeckt, zumal wir ja keine Gewürze bei uns trugen, das Fleisch höchstens mit Asche einrieben, damit etwas Salzgeschmack hinzukam.

Ich bin in einer Zeit aufgewachsen, in der in Namibia ziemlich ärmliche Verhältnisse herrschten. Trotz vieler Probleme und zeitweiser Armut hatten wir aber eine glückliche Jugend. Es gab auf unserer Farm weder Radio-, Funk- noch Telefongeräte, wir besaßen nicht einmal ein Auto. Auf der Farm fuhren wir lediglich einen uralten Hanomag Pick-up. Es existierten keine befestigten Straßen, stattdessen fuhr die alte Dampflokomotive. Es gab Rinder- und Schaffarmen, die meisten Farmer hatten noch ein paar Ziegen und Pferde, aber selten Geld für einen Pkw.

Mein Vater bewirtschaftete die Farm Schönfeld, doch weil es dort kein Wasser gab bzw. Geld fehlte, um ergiebige Brunnen zu bohren, gab er sie vorläufig auf und zog 1940 auf die Nachbarfarm Immenhof.

Er hatte eine Büchse im Kaliber 8 × 57 mit einem antiquierten Nickelzielfernrohr geerbt und besaß außerdem ein britisches Militärgewehr, eine .303 Lee-Enfield sowie eine BSA (Birmingham Small Arms) im selben Kaliber, das damals meistverschossene Kaliber in Namibia, und die Randpatronen waren sehr preiswert. Allgemeine Farmerpraxis war, die Spitzen der militärischen Vollmantelgeschosse abzuschleifen, um die Wirkung von Teilmantelgeschossen zu erhalten. Wir sprachen nur von Dum-Dum-Geschossen.

Wir Jungs schossen wir nur mit offener Visierung. Unser erstes Gewehr war ein Luftgewehr der Marke „Diana“, die wir drei großen Brüder gemeinsam zu Weihnachten geschenkt bekamen. Später durften wir die Remington und die Mauser .22 lfB unseres Vaters benutzen.

Auf der Farm lebten wir mit vielköpfigen schwarzen Familien zusammen. Mit den jungen Leuten, wahre Naturburschen, waren wir eng befreundet. Sie konnten geschickt Kettis, abgeleitet von Katapult, bauen und hervorragend damit treffen. Mussten wir nicht gerade bei der Farmarbeit helfen, zogen wir gemeinsam hinaus und schossen Vögel. Mit Pfeil und Bogen waren wir nicht so vertraut, aber mit dem Luftgewehr erreichten wir eine sagenhafte Perfektion.

In der Nähe des Farmhauses standen fünf oder sechs Maulbeerbäume. Wenn im Dezember, auf der südlichen Halbkugel herrscht dann ja Sommer, die Trauben reif wurden, mussten wir, um wenigstens einige zu ernten, massenweise Finken, Stare und gelbe Bülbüls schießen. Unsere Mutter war dankbar, wenn wir die Ernte verteidigten.

Anfangs waren wir froh, überhaupt einen der kleinen Vögel zu treffen, aber bald schossen wir so gut, meistens freihändig, es waren ja keine weiten Entfernungen, dass wir einen Bülbül oder Glanzstar mit Kopfschuss aus dem Baum holten, und nicht selten trugen wir an einem Vormittag einen 20-Liter-Eimer voll der Beerendiebe nach Hause.

Meine Eltern erwarteten, dass wir, wie alles, was wir erlegten, auch diese Piepmätze aßen. Blaustare sind nicht unbedingt eine Delikatesse, aber mein Vater bestand darauf, auch sie zu rupfen und zu braten. Meine schwarzen Freunde und ich machten dann ein Feuerchen und brutzelten unsere Beute unter freiem Himmel.

Später bekamen wir ein Tesching. Bevor wir mit ihm losziehen durften, mussten wir auf Scheiben schießen, und mein Vater gab uns intensiven Schießunterricht. Er legte größten Wert auf Waffenpflege und sicheres Handhaben der Waffen. Wir wären nie auf die Idee gekommen, auch nur in die ungefähre Richtung des Farmhauses zu zielen.

Mit dem Tesching konnten wir auch größere Vögel jagen. Perlhühner waren uns mit dem Luftgewehr versagt, weil sie ein sehr hartes Gefieder besitzen, äußerst wachsam sind und es schwierig ist, sich ihnen bis auf Luftgewehrentfernung zu nähern. Außerdem erlegten wir Sandhühner und Frankoline, die, wenn sie jung sind, ebenfalls gut schmecken.

Auch Kakadus wurden von uns nicht verschont. Wie Eichelhäher warnen sie ihre Umgebung vor Menschen, mitunter auch vor Raubwild, und wenn wir einen Frankolin angepirscht hatten und der Kakadu hoch oben im Baum krähte, ärgerten wir uns oft dermaßen, dass der „Verräter", wir nannten ihn den „Grauen Lärmvogel", dran glauben musste.

Kakadus schmecken, wie Spatzen, ebenfalls gut. Perlhühner und Frankoline können grauenvoll zäh sein, mussten erst drei, vier Tage im Federkleid im Schatten hängen, bevor wir sie zubereiteten und den Braten genießen konnten.

Lärmvogel: Er warnt das Wild wie in Deutschland der Eichelhäher. In Namibia heißt er auch Kakadu.

Glanzstare gehörten für uns mit zur ersten Beute mit dem Katapult.

Auf der Farm hielten wir mehrere Terrier, die in den Rivieren, den ausgetrockneten Flussläufen, die Vögel aufstöberten. Wir beobachteten dann, wo sie sich wieder niederließen, und schlichen hinterher. Bei diesen Unternehmungen lernten wir, mit der Natur eins zu werden und uns an das Wild anzupirschen.

Jagdliches Brauchtum wie in Deutschland war uns relativ egal. Schrotpatronen waren teuer, Luftgewehrkugeln und Patronen im Kaliber .22 lfB vergleichsweise preiswert. Es ging bei unseren Jagdzügen in erster Linie darum, Beute für den Kochtopf zu machen, und wir schossen die Vögel im Sitzen. Die sportliche Jagd mit der Flinte auf Flugwild kam in Namibia erst später auf. Wir trugen als Jungs auf jeden Fall schon maßgeblich zur Ernährung der Familie und der Angestellten mit ihren zahlreichen Kindern bei. Als ich ungefähr sieben Jahre alt war, der Schaft der .303 war viel zu lang für mich, übten wir mit unserem Vater, auch damit auf Scheiben zu schießen. Die 8 × 57 mit sechsfachem Zielfernrohr war wegen ihres Rückschlags für uns noch tabu, aber die beiden .303 schossen sich weicher, sowohl die Lee-Enfield mit Diopter als auch die BSA über Kimme und Korn, und es klappte mit ihnen bald hervorragend.

Anfang der 1960er-Jahre mussten alle Farmer in Südwest Wehrdienst leisten. Alle erwachsenen Männer wurden militärisch geschult, es wurden sogenannte Farmerbrigaden ins Leben gerufen, und es begann der bewaffnete Widerstand der SWAPO, die das Land heute regiert. Mein Vater erhielt eine britische Lee-Enfield, ebenfalls im Kaliber .303, mit Ganzschaft und Diopter. Dieses Gewehr durften wir auch jagdlich führen. Die frühe Praxis mit dieser mir sehr vertrauten Optik kam mir während meiner Militärzeit sehr zugute.

Schule: Nebensache

Das Feuer wird müde. Die bläulich lodernden Flammen züngeln nicht mehr so hoch, werden kleiner und kleiner. Dem munteren Knistern und unruhigen Licht folgt allmählich die Ruhe der Glut. Ab und zu knallt noch ein Funke in die Stille. Der Freund steht auf und legt einen riesigen Zweig auf die verlöschende Glut. Die Flammen prasseln wieder auf, züngeln gierig nach dem trockenen Holz, doch beruhigen sich bald. Es breitet sich wieder Ruhe aus.

„Wie war es denn in deiner Jugend, wann hast du dein erstes Stück Wild geschossen?", fragt Hartwig.

Nachdenklich starre ich den zum Himmel stiebenden Funken nach. Erinnerungen an eine unbeschwerte Kindheit werden wach. Erst noch undeutlich, verschwommen steigen sie aus dem Nebel der Vergangenheit empor, nehmen nach und nach festere Konturen an, und vor mir erscheint das Bild meines Elternhauses in der Lüneburger Heide. Ich lasse den Freund daran teilhaben.

Oben: Der erste Rehbock, vorweg Wildmeister Mackerodt, rechts mein Bruder.
Rechts unten: „Mein Elternhaus in der Lüneburger Heide.

Schon im Kindesalter hatte ich das Privileg, auf Rehböcke zu jagen.

Der Eisvogel: fliegender Diamant am Fischwasser.

Angelten wir früher in der Örtze, begegneten uns in den Abendstunden mitunter sogar noch Fischotter.

Das Paradies auf Erden

Das einsame Forstgut und der umgebende Wald waren für meine beiden Brüder und mich das Paradies auf Erden: Nachtigallen brüteten rund um das Herrenhaus und raubten uns mit ihrem Gesang den Schlaf. In den Getreidefeldern schlugen Wachteln und schnarrten Wachtelkönige. An dem Flüsschen Örtze beobachteten wir Schwarzstörche, Eisvögel und Wasseramseln. Fischotter waren keine Seltenheit. Brachvögel sangen im Moor, Nachtschwalben schnurrten und Birkwild balzte in der Heide. Färbten sich die Wälder bunt, brunfteten vor dem Gutspark die Hirsche so laut, dass wir keinen Schlaf fanden.

Außer auf Rotwild jagte ich schon früh auf Schwarz- und Rehwild. Rebhühner jagte ich mit dem Vorstehhund, Schnepfen auf der herbstlichen Suche. Auch das nächtliche Fuchsreizen, die Krähenjagd mit dem „Auf“, Fallenstellen, Buschieren, Frettieren auf Kaninchen, Hasenstreifen, Entenstrich gehörten dazu – meine Brüder und ich schöpften aus dem Vollen. Wir verbrachten unsere Jugend hauptsächlich im Wald, frei und ungebunden, lernten im Einklang mit der Natur, der Schöpfung in Ehrfurcht und Demut gegenüberzutreten.

Der Begriff „Wildmanagement" war noch nicht erfunden. Wir jagten aus Freude oder weil meine Mutter einen Braten benötigte.

Meine Prägung auf Hunde, Pferde und Wild, auf Jagen, Reiten und Angeln war in der Einsamkeit so massiv, dass von Anbeginn an feststand: Ich werde Jäger.

Wie immer ich auch meinen Lebensunterhalt verdient habe, an erster Stelle stand die Jagd, ein anderes Leben als das eines Jägers konnte ich mir nie vorstellen.

Meine Jugend war einfach traumhaft. Meine Sorgen waren nicht, wie ich in der Schule eine schlechte Note in Latein glattbügeln, meine Fußballmannschaft gewinnen oder ich einer Freundin imponieren könnte, sondern wie ich das Rotschwänzchennest am Pferdeschuppen vor Katzen bewahren oder Kitze vor der Mahd vor dem zwar langsam, aber unermüdlich arbeitenden Balkenmäher retten könnte, superschnelle Kreiselmäher gab es damals ja noch nicht.

Meine erste Jagdbeute waren Ratten und Mäuse, die, bis ich ein Luftgewehr bekam, in unseren Stallungen auf dem Hof ein verhältnismäßig ungestörtes Leben führten und den Hühnern das Futter streitig machten oder vor den Pferdeställen in der Sonne lagen.

Dann jagte ich Spatzen, die es bei uns in unglaublichen Mengen gab. Das war am einfachsten auf den Dächern der Wirtschaftsgebäude und des Herrenhauses. Unser Stellmacher hatte es schwer, meiner Mutter zu erklären, warum die Hagelkörner von unten Löcher in die Dachrinnen geschlagen hatten. So kam es irgendwann heraus, und Spatzenjagd war ab dem Augenblick in der Nähe der Gebäude tabu. Wie kurios erschien es mir, als ich kürzlich las, einem Jäger sei der Jagdschein abgenommen worden, weil er seinen Sohn einen Spatzen schießen ließ.

Als ich dem Luftgewehralter entwachsen war, ging es mit dem Tesching der Marke Flobert und 9-mm-Rundkugeln Eichelhähern, Krähen, Tauben und Eichkatzen im Gutspark und auch mal einem Stockerpel auf der Örtze zu Leibe. Außerdem galt es, „Wildschäden" durch die Stare in den Obstplantagen in Grenzen zu halten.

Was wir erlegten, jeder Eichelhäher, jede Krähe, musste bei uns auch verwertet werden. „Mutter Pimi", unsere Haushälterin, war eine begnadete Köchin.

Verschlechterten sich meine schulischen Leistungen, erhielt ich Jagdverbot, doch hatte diese drakonische Maßnahme wenig Einfluss auf meine Zensuren.

Zu meinem zwölften Geburtstag bekam ich eine 16er-Doppelflinte der Marke GECO. Ich durfte nur einen Lauf laden und musste über jede verschossene Patrone Rechenschaft ablegen. Das hat ungeheure erzieherische Wirkung, ich lernte, mich auf einen Schuss zu konzentrieren, anstatt unbeherrscht zu ballern und auf einen Treffer mit dem zweiten Lauf zu hoffen.

Es ging bei unserer bescheidenen Flugwildjagd nicht wie bei euch in Afrika darum, den Kochtopf für die Familie zu füllen, sondern um die Freude an der Jagd. Niederwildjagden, auch auf Rebhühner und Enten, Hasen und Kaninchen hatten bei uns eine lange Tradition. Heute kennen junge Jäger in Deutschland nicht einmal mehr die Rebhuhn- oder Bekassinensuche mit dem Vorstehhund. Auch andere mir lieb gewordene Jagdarten wie den Anstand auf Hasen, das Anspringen eines balzenden Ringeltaubers oder der Schnepfenstrich sind heute fast vergessen.

Meine erste Jagdbeute: Eichelhäher und Haussperlinge.

Verjährte Wilderei

Große Treibjagden gab es in unserem Revier nie. Obwohl wir einen stabilen Hasenbesatz hatten, stellten wir den Mümmelmännern nur auf der Einzeljagd nach. Ich sehe mich noch als Pennäler in der Deckung einer verkrüppelten Kiefer an der Kante der tief verschneiten Schonung vor einem abgeernteten Rübenacker stehen. Ich träumte in den schwindenden Tag, trank die wie Champagner prickelnde Abendluft tief in die Lungen und ließ mich einfangen vom Zauber dieses Wintermärchens.

Zu meiner Linken führte aus dem Wald ein von Pfoten und Schalen getretener Pass, auf dem in der Abenddämmerung die Hasen zur Äsung auf das fast kahle Feld rückten. Plötzlich wurde die scheinbar tote Fläche vor mir lebendig. Der Schnee zauberte einen bräunlichen Wildkörper hervor, riss mich aus meinen Träumereien, und das Jagdfieber ergriff mich mit aller Macht.

Ein Hase hatte den sonnigen Tag in seiner Sasse auf dem Acker verbracht, machte einen Kegel, äugte aufmerksam in die Runde, sank wieder in sich zusammen und war nur mehr als länglicher dunkler Punkt zu erkennen.

Meine Geduld wurde auf eine harte Probe gestellt. Ich wagte kaum, Luft zu holen, atmete durch die Nase aus, damit der warme Dampf aus meinem Mund nicht in den klaren Abend „rauchte“ und mich verriet. Weil der Krumme zu weit für einen sicheren Schrotschuss saß, verharrte ich regungslos hinter meiner spärlichen Deckung.

Endlich kam wieder Bewegung in das Feld. Gemächlich hoppelte Mümmelmann nach links, dann einige Sprünge vorwärts, legte seine Löffel flach nach hinten, schüttelte sich, begann unter kuriosen Verrenkungen mit der Abendtoilette und erstarrte schließlich zu einem unbeweglichen Kegel.

Zwischenzeitlich waren zwei weitere Hasen auf das Feld gehoppelt. Als gäbe es weit und breit keine Gefahren, mümmelten sie an den kaum sichtbaren Hälmchen und Stängeln in der kahlen Schneelandschaft, kamen näher, entfernten sich wieder und sorgten für abwechslungsreiche Spannung.

Die Dunkelheit nahm fast unmerklich zu. Die ersten Sterne begannen am Himmel zu flimmern.

Meine Blicke wanderten zur Waldkante. Leichter Pulverschnee rieselte von dem tief hängenden Zweig einer Randkiefer herab, und auf dem ausgetretenen Pass erschien ein weiterer Krummer, verharrte auf der Grenze zwischen Wald und Feld, wuchs zu einer unbeweglichen, hoch aufgerichteten Statue empor, setzt sich wieder auf die Keulen und begann zu äsen.

Ich bebte am ganzen Körper, hob im Zeitlupentempo den Drilling, die Laufmündungen wiesen auf den arglosen Hasen, und als das Korn einen Teil des Wildkörpers verdeckte, brüllte der donnernde Schrotschuss in die Stille des Winterabends. Der Krumme machte einen kurzen Sprung und sank in den Schnee. Geblendet vom grellen Mündungsfeuer, wartete ich einen Moment mit geschlossenen

Augen, bevor ich die klamm gewordenen Glieder reckte und in jugendlicher Ungeduld zu meiner Beute stapfte. Vor mir im Schnee, der aussah, als hätte jemand eine Handvoll Rubine über ihn ausgestreut, lag mein Festtagsbraten, und nachdenklich glättete ich den schrotzerzausten Balg.

Es waren besinnliche Abende auf dem Hasenanstand, keine schwierige Jagd, aber ein wenig von der Ursprünglichkeit des Waidwerks, das Beutemachen, blieb.

Große Hasenstrecken hat es bei uns nie gegeben, wir begnügten uns mit dem einen oder anderen Küchenhasen.

GERT G. VON HARLING

Auf jeder Feder ein Auge

Auch bei der Taubenjagd habe ich als Junge viele Erfahrungen gesammelt. Es ist ungemein reizvoll, einen rufenden Ringeltauber anzuspringen. Er schließt bei seinem Gesang die Augen, und nur dann darf man sich bewegen. Das verlangt Disziplin und Können. Ich erinnere mich an die spannenden Jagden, als wäre es gestern. Wenn im Frühjahr das Konzert der gefiederten Sänger von Tag zu Tag lauter wurde und endlich der langersehnte Balzruf aus dem Wald erklang, war ich fast den ganzen Tag draußen in der Natur.

Auf der Spitze der höchsten Fichte schwang er sich ein, äugte aufmerksam in die Runde und begann mit seinen melodischen Strophen, während die Taube einen Meter unter ihm verborgen im dichten Gezweig der Baumkronen saß. Am anderen Rand der Blöße fiel noch ein Tauber ein. Durchs Fernglas erkannte ich, wie er sein Gefieder ordnete und zwischendurch misstrauisch die Umgebung musterte. Die Entscheidung, welchen der beiden ich angehen sollte, war nicht schwer, da ich den Baum, auf dem der erste sich niedergelassen hatte, in guter Deckung problemloser erreichen konnte.

Gebückt schlich ich auf den Stamm zu. Je näher ich dem Ziel meiner Wünsche kam, desto kräftiger schlug mein Puls, desto aufgeregter wurde ich. Schließlich bewegte ich mich nur, wenn der graublaue Vogel mit dem weißen Halsreif sein „Ru gu guu, ru gu“ erklingen ließ.

Langsam, sehr behutsam – immer vorsichtiger, immer auf Deckung bedacht – setzte ich Fuß vor Fuß, kam Schritt für Schritt vorwärts, während über mir das hohle Lied erklang.

Meine Bewegungen wurden noch bedachter, vorausschauender, doch vor lauter Jagdfieber nicht achtsam genug: Plötzlich verstummte der balzende Frühlingsbote, reckte seinen Hals, erschrecktes Flügelschlagen, und mit singenden Schwingen klatschte er davon. Ich hatte im wahrsten Sinne des Wortes das Nachsehen. Mein dürftiges Können hatte gegen die scharfen Sinne des Wildes mal wieder verloren.

Enttäuscht bewegte ich mich zurück zum Rand der Blöße. Da erhob sich aus den gegenüberliegenden Baumwipfeln ein anderer Tauber, stieg in einer steilen Bahn in die Höhe, schwebte bewegungslos weiter, fiel mit waagerecht gehaltenen Schwingen und gefächertem Stoß zur Erde zurück und verschwand in den Baumkronen. Mit dem Fernglas versuchte ich ihn dort auszumachen, aber so sehr ich mich auch bemühte, das dichte Gezweig der dunklen Fichten zu durchleuchten, den graublauen Vogel konnte ich nicht entdecken.

Vorsichtig stellte ich mich hinter einen Horst junger Nadelbäume und begann zu „balzen“, versuchte des Ringeltaubers Lied zu singen – und endlich: Nach fünf oder sechs Strophen kam Antwort aus den hohen Fichten.

Nach kurzem Wechselgesang schlich ich dem lockenden Ruf entgegen. Je näher ich kam, desto langsamer bewegte ich mich. Trotz angestrengten Starrens konnte ich den Vogel im dichten Gezweig

aber nicht ausmachen. Schließlich erhaschte ich eine Bewegung im Nachbarbaum. Die Taube! Sie schüttelte ihr Gefieder, saß dann wieder bewegungslos auf dem dünnen Zweig, war kaum noch auszumachen. Im Zeitlupentempo wanderten die Läufe der Flinte in ihre Richtung. Da erklang über mir wieder das „Ru gu guu, ru gu“. Endlich erspähte ich den Minnesänger. Mein Herz schlug bis zum Hals. Bei der nächsten Strophe bewegten sich die Laufmündungen der Doppelflinte langsam in die Richtung seiner rötlich schimmernden Brust.

Wieder ließ der Frühlingskünder im grauen Frack eine Strophe erklingen, da erreichten ihn die Schrote aus meiner Flinte. In einer aufstäubenden Federwolke fiel er aus den dichten Baumkronen auf den

Der Auerhahn des kleinen Mannes, nicht ganz zu Unrecht wird der Ringeltauber so genannt.

bemoosten Waldboden, und die Taube stob, noch bevor ich reagieren konnte, erschreckt davon.

Der Wind spielte mit einigen Flaumfedern, die der Tauber beim Fall zur Erde verloren hatte. Scheinbar schwerelos schwebten sie dahin, während ich, immer noch innerlich aufgewühlt, meiner Beute das Gefieder glatt strich.

Der laute Knall meiner Flinte hatte das Konzert der vielen Singvögel in den Fichten und Buchen, in den Büschen und kleinen Bäumen, in den Sträuchern und Reisighaufen jäh unterbrochen, doch nicht lange, dann setzte es, erst zaghaft, schließlich

immer lauter werdend, wieder ein. Der Weidenlaubsänger war der Erste, ein Buchfink schmetterte lebensfroh eine Strophe nach der anderen in die klare Frühlingsluft, Goldhähnchen wisperten im dichten Gezweig, und eine Singdrossel sang ihr Lied. Und dann rief wieder ein Tauber. Dunkel, verlockend, hoffnungsvoll wehte der Wind sein Lied herüber. Ein um das andere Mal antwortete ich. Der graue Vogel stand aber auf mein Rufen nicht zu, also versuchte ich auch ihn auf dem weichen Nadelteppich anzugehen, kam zügig voran, aber Leichtigkeit macht leichtfertig. Etwa 40 Meter von dem Balzenden entfernt trat ich auf einen Zweig. Nur ganz leise knackte es unter meiner Schuhsohle, aber laut genug für den aufmerksamen Vogel. Ende der Jagd, aber ich war ja bereits erfolgreich!

Buchfink und Singdrossel, sie untermalen das vielfältige Vogelkonzert beim Anspringen eines balzenden Taubers.

Oculi, da kamen sie!

Unvergessen bleibt mir auch der stimmungsvolle Schnepfenstrich. Ihm trauere ich besonders nach. Hohe Strecken waren auch da nie das Ziel. Ich trug einige Malerfedern am Hut, Schnepfendreck galt bei uns als Delikatesse wie Kaviar oder Hummer, aber wichtiger als fette Beute war es, nach langer Ruhezeit die Stimmung zwischen Winterende und Frühlingsanfang zu genießen. Die Atmosphäre und der Erlebniswert sind schließlich ungleich höher als der Schuss auf eine zufällig hochgetretene Lagerschnepfe bei herbstlichen Treibjagden.

Waldschnepfen zählen zu den am meisten erlegten Flugwildarten Europas. Wie fieberten wir dem Frühjahr und mit ihm den ersten Bachstelzen entgegen, die auf dem Dach entlangtrippelten und die Schnepfen, die aus ihren Überwinterungsquartieren zurückkehrten, ankündigten. Jeden Abend ging es dann zum Schnepfenstrich, um in die wiedererwachende Natur zu lauschen, bis die Venus, der Schnepfenstern, am Himmel leuchtete.

1977 wurde die Frühjahrsjagd auf Schnepfen in Deutschland verboten. Nach der EU-Vogelrichtlinie ist Jagd auf Zugvögel während des Rückflugs zu den Nistplätzen untersagt. Die Gilde der Waidmänner fühlte sich einer uralten Jagdtradition beraubt, doch der Protest verebbte schnell.

Dennoch: Ich bin an lauen Aprilabenden selten erreichbar, da ich mit meinem Hund zum Schnepfenstrich ziehe. Die Reaktionen meiner Mitjäger sind unverständliches Schulterzucken und erstaunte Äußerungen wie: „Die darf man doch gar nicht mehr schießen!“ Was man nicht schießen darf, ist in ihren Augen nichts wert. Ich bin bedrückt über die Entwicklung in der Jägerschaft.

Vom 1. Februar bis in den April hinein sind viele Reviere in Deutschland „jägerrein“. Erst ab dem 1. Mai, in einigen Bundesländern ab Anfang April, tummeln sich bis Ende Januar wieder grüne Geländewagen, deren Insassen angeblich „für Ordnung sorgen“ im Revier.

Jedes Jahr zog es mich hinaus zu dem Platz, an dem bereits mein Vater und mein Großvater gestanden haben, um auf den Vogel mit dem langen Gesicht zu passen.

Langsam schlenderte ich vorbei an vereinsamten Viehkoppeln, über denen zwei rufende Bussarde frei und schwerelos ihre Kreise zogen. Kiebitze kündeten den kommenden Wechsel der Jahreszeiten an, und ein Grünspecht strich laut lachend fort, als freute er sich über den wunderschönen Nachmittag.

Während die Sonne den Horizont zu berühren schien, machte ich es mir auf einem schräg gewachsenen Baumveteranen bequem und hing meinen Gedanken nach. Der Hund trat sich mit einigen unruhigen Drehungen ein Lager und ließ sich auf die feuchte Erde plumpsen. Ein sich jährlich wiederholendes Ritual.

Andächtig lauschte ich dem Pfeifen, Schmettern, Singen und Zwitschern der Vögel. Das Konzert gewann an Dynamik, je näher die Dämmerung kam. Amseln flöteten, eine Singdrossel erfüllte mit ihrer melodischen Stimme die Luft, und im Wurzelballen

einer vom Sturm geworfenen Fichte schimpfte aufgeregt ein Zaunkönig.

Intensiv atmete ich den würzigen Geruch von vermodertem Laub, Kien und frischer Erde ein. Irgendwo schreckte ein Reh. Eine Maus raschelte im dürren Falllaub vorüber, ein Rotkehlchen tickte, und von weit her wehte der Wind den Ruf eines Waldkauzes herüber. Allmählich verebbte das Konzert der kleinen Sänger.

Die Schatten wurden länger, mich fröstelte. Das Licht schwand, und wie auf geheimen Befehl war Stille um mich herum. Noch einmal zeterte eine Drossel, dann war es endgültig still. Früher störten, wenn die Dämmerung hereinbrach, vereinzelt Schüsse den Abendfrieden, nun herrschte Ruhe.

Lauschendes Harren und Erwarten. Und da klang es von weit her: „Quorr, quorr, quorr, puitz, puitz", kam näher, und die langersehnte Frühlingskünderin war über mir, doch genauso schnell, wie sie herangestrichen kam, war sie auch wieder fort.

Kehren die Bachstelzen aus ihrem Winterquartier zurück, sind auch die Schnepfen wieder da.

Wieder gaukelte ein Schatten über den Waldrand, ein zweiter folgte. Die beiden Schnepfen hoben sich durch das Filigran der zarten Erlenzweige als Silhouetten gegen den Himmel wie Scherenschnitte ab, und die feinen Rufe beschleunigten meinen Puls. Sekunden nur, dann war das Schauspiel erneut vorüber.

Es war stockfinster, als sich meine Hündin und ich auf den Heimweg machten. Die zwei Stunden waren wie ein Zurückblättern im Buch meiner Jugend, in dem Erleben und Erinnern, Gespür und Geschick, Passion und Spannung und schließlich große Freude an bescheidener Beute in einer vergangenen Epoche stehen geblieben waren, in einer Zeit, in der Schnepfen und Ringeltauben im Frühjahr noch bejagt werden durften.

Das erste Hochwild mit sieben Jahren

Meine jagdliche Prägung begann ebenfalls sehr früh. Bei dir entsprang sie einer alten Familientradition, für uns Farmer in Namibia aber ist die Jagd lebensnotwendig, ist eine Nutzung natürlich nachwachsender Rohstoffe, wie es ist, seit wir Menschen versuchen uns die Natur untertan zu machen.

Wir Kinder wuchsen mit diesem Selbstverständnis auf. Bezeichnend ist das Wort „Onyama". In Herero, einer der Umgangssprachen Namibias, bedeutet es „Fleisch". Für viele Afrikaner sind Wildtiere, mit Ausnahme der großen Katzenarten, lediglich Nahrungsquelle und zugleich Nahrungskonkurrenten für die Viehbestände. Eine selektive Bejagung zum Wohl von Tier und Mensch, wie in Deutschland seit Erlass des immer noch vorbildlichen, in der Weimarer Republik bis 1932 geschaffenen Jagdgesetzes, setzte sich hier in Afrika erst allmählich durch.

Unsere Familie wuchs. Dazu kamen die vielen Farmangestellten mit ihren frauen- und kinderreichen Familien, die frei auf den Farmen lebten. Ihre Haupternährung war und ist Fleisch, Mais und Milch. Wir benötigten also viel Fleisch, um all die hungrigen Mäuler zu stopfen, und da war ich schon als Junge eingespannt.

Mein erstes Stück Wild war eine Kudukuh. Ich erlegte sie im zarten Alter von sieben Jahren. Meinen ersten Kudubullen schoss ich zwei Jahre später zusammen mit meinem Freund Kanneman, dem Sohn eines Farmangestellten. Er war ein Coloured, ein Mischling.

Kanneman, zwei Jahre älter als ich, ein wirkliches Naturkind, war unschlagbar, wenn es darum ging, Schafe, die sich von der Herde abgesondert hatten, zu verfolgen und wiederzufinden. Er wurde einer unserer besten Fährtenleser und hat lange auf der Farm gearbeitet. Katiman, sein Bruder, war ein ähnliches Talent. Beide waren unsere ständigen Jagdgefährten, selten sind meine Brüder und ich ohne sie losgezogen.

Wir züchteten damals Schafe. Außerdem betrieben wir eine Rinderzucht und beschäftigten viele einheimische Angestellte, die alle mit Fleisch versorgt werden mussten. Unser eigener großer Haushalt brauchte ebenfalls viel Fleisch. Trophäenjagd war uns fremd. Man schoss das schwerste Stück aus einer Herde, und das war eben der starke Kudubulle, der anderthalbmal so viel wog wie ein weibliches Stück. Man konnte so mit einer Patrone, es herrschten ja spärliche Zeiten, viel mehr Fleisch erbeuten.

Ich war neun Jahre alt, ging also zur Schule, und den Bullen werde ich wohl nie vergessen. Noch heute fahre ich oft zu der Stelle und zeige Jagdgästen, wo ich ihn erlegt habe, weil mich dieses Erlebnis so tief und anhaltend beeindruckt hat.

Wir waren einen hohen Granitfelsen hinaufgeklettert, als ich das riesige Haupt eines Kudus erblickte. Es leuchtete wundervoll in der

aufgehenden Sonne. Hörner und Decke glänzten, die großen Lauscher schienen durchsichtig zu schimmern, und auf dem schwarzen Windfang spiegelte sich das Licht. Unvergessliche Impressionen aus dem afrikanischen Busch. Der Bulle äste vertraut die Schoten unter einem Kameldornbaum.

Den akazienähnlichen Nationalbaum Namibias mit seinen bis zu zehn Zentimeter langen weißen Dornen haben Soldaten der Schutztruppen vor vielen Jahren „Giraffenakazie" getauft, wahrscheinlich weil Giraffen die einzigen Tiere sind, die die Blätter bis zur Spitze hin abäsen können.

Noch ist der Große Kudu in Namibia verhältnismäßig häufig anzutreffen. Neben lichten Wäldern und Baumsteppen bewohnt er Berg- und Buschland in Höhenlagen von bis zu 2.000 Metern.

In Afrikaans heißt Giraffe „Kameelperd“, die Buren nannten daher den Baum „Kameelperdboom“, die Deutschen krempelten ihn, obwohl es in Südwest nie wilde Kamele gegeben hat, in „Kameldornbaum“ um.

Ich lag lange im Anschlag, hatte wahnsinniges Jagdfieber, Kanneman kauerte neben mir.

Es war ein verdammt weiter Schuss, aber der Bulle brach im Feuer zusammen. Wir stürmten sofort den Felsen hinunter zum Anschuss, doch der Kudu war verschwunden. Nun war guter Rat teuer. Kein Schweiß, kein Schnitthaar, keine Schalenausrisse auf dem harten Boden. Auf jeden Fall hatte ich zu weit geschossen. Nach längerem Suchen folgten wir der vermeintlichen Fluchtfährte. Kanneman war ja ein ausgezeichneter Spurenleser. Nach zehn Minuten verwies er ein Tröpfchen Schweiß und bewies anhand geknickter Ästchen und beschädigter Steine auf dem kargen Sandboden, dass wir auf der richtigen Spur waren. Hinter jedem Busch oder großen Felsklumpen erwartete ich den verendeten oder im Wundbett sitzenden Bullen. Mit Röntgenaugen versuchte ich den dichten Busch zu durchdringen, kniete nieder, richtete mich auf Zehenspitzen in die Höhe, um den Schimmer einer graubraunen Decke zu erhaschen – erfolglos. Dann hatte Kanneman die Spur verloren, kroch auf den Knien am Boden, studierte jedes Krümelchen Erde, jedes vertrocknete Blatt und jeden abgebrochenen Zweig. Sein Gesicht glänzte von den vielen Schweißperlen, aber dann ein kurzes Lächeln über seinen Lippen, und ich war sicher, dass er mit seinem unverdorbenen Naturinstinkt das kranke Stück finden würde. Nach viereinhalb Stunden in glühender Hitze und einem wieder sehr weiten Schuss ohne Auflage – Dreibeine und andere Zielhilfen waren bei uns noch nicht üblich, man strich an einem stacheligen Busch an oder schoss freihändig – brachten wir den Bullen schließlich zur Strecke. Der erste Schuss hatte lediglich die Wirbelfortsätze getroffen. Als wir den Felsen hinuntergestürmt waren, war der Kudu, ohne dass wir es bemerkt hatten, hochgeworden und geflüchtet.

Unsere Jungens beim Abkochen von Trophäen, nur der Plastikstuhl im Hintergrund weist auf das 21. Jahrhundert hin.

Auch an ein anderes Erlebnis in dieser Zeit denke ich, allerdings mit Schaudern, häufig zurück. Ich saß mit Jordan, einem Herero, an einem Wasserloch. Plötzlich wimmelte es um uns herum von kleinen Schlangen, nicht länger als zehn oder 15 Zentimeter – eine wirkliche Schlangenbrut. Sie krochen auf dem Boden und in den Büschen herum, schienen überall zu sein. Sie lebten dort von Fröschen und Kaulquappen. Ich habe eine solche Invasion seitdem nie wieder beobachtet. Es war eine unheimliche Begegnung, ausgebrütet in der afrikanischen Hitze. Jordan hatte seine Zwille, ich mein Tesching. Wir schossen Schlangen, bis ich keine Munition mehr hatte, und liefen dann schleunigst fort.

Autocrash im tiefen Busch

Anfangs mit dem Vater, später allein, sind wir auch oft zur Jagd geritten. Die Gebiete waren damals noch offener, und man kam oft unbemerkt und nah an das Wild heran. Wir besaßen allerdings keine schussfesten Pferde, konnten nicht vom Sattel aus schießen, sondern mussten vorher absitzen. Deshalb konnten wir nur zu zweit jagen, einer musste die Pferde halten, und der andere entfernte sich ein paar Meter, bevor der Schuss fiel.

Erst in den 1970er-Jahren verbuschte das Gelände so stark, dass es keine Freude mehr machte, in den immer dichter werdenden Akazienwäldern zu Pferde zu jagen.

Auch mit unseren Fahrrädern fuhren wir gelegentlich ins Veld. Hochsitze oder Ansitzschirme hatten wir nicht, die kamen erst mit den ausländischen Jägern. Stattdessen verschanzten wir uns hinter einem Baumstamm an einem Wasserloch und warteten geduldig auf Warzenschweine, die zum Schöpfen und Suhlen kamen.

Auto fahren durften wir bereits, als wir noch nicht einmal richtig über das Steuer gucken konnten. Ich erinnere mich, dass ich gemeinsam mit einem schwarzen Freund, er war auch nicht älter als zehn oder zwölf Jahre, einen Kudu geschossen hatte. Damit das Wildbret nicht verhitzte, hatten wir das Stück aufgebrochen, so weit wie möglich in den Schatten gezogen, verblendet und mit der verschossenen Patronenhülse vor vierbeinigen Interessenten verstänkert. Vorsichtshalber hatte ich wegen der Geier noch mein Hemd darüber ausgebreitet. Anschließend trabten wir, um Hilfe zu holen, mehrere Kilometer im Dauerlauf nach Hause. Dort endlich angekommen, schnappte ich mir das Auto und fuhr die lange Strecke zurück. Mein jüngerer Bruder stand auf dem Beifahrersitz. Das Gras war ziemlich hoch, und ich donnerte mit der Vorderachse gegen einen verborgenen Baumstumpf. Mein Bruder prallte mit voller Wucht mit dem Kopf gegen die Frontscheibe, die in Tausende kleine Stücke zerbrach, in denen plötzlich große Fetzen seiner Haut hingen. Die Achse des Wagens war gebrochen. Wir mussten die weite Strecke zu Fuß zurück nach Hause, diesmal mit dem schreienden Jungen, um dann endlich die Beute bergen zu können. Die Achse wurde von meinem Vater wieder gerade geschmiedet. Man musste auf den Farmen alles selbst reparieren. Handwerker vor Ort gab es nicht bzw. nur in vielen Kilometer entfernten Ortschaften.

Liegen gebliebene Autos – früher kein seltener Anblick am Straßenrand oder im Veld Namibias.

Der erste Rehbock

Nachdem wir quasi in die Jagd hineingewachsen waren, mit Spatzen und Eichelhähern als erste Beute begannen und uns allmählich über das erste Kaninchen oder den ersten Hasen steigerten, war das erste Stück Schalenwild zu erlegen wie für jeden Jäger auch für uns etwas Besonderes. Doch die Zeiten haben sich geändert, oft ist der erste Rehbock das erste Stück Wild schlechthin, das ein Jäger in Deutschland in seinem Leben schießt, und dann ist er meistens schon 16 Jahre alt oder sogar noch älter. Kaum jemand hat noch das Glück, so aufzuwachsen wie wir beide. Ich hatte schon reichlich praktische Jagderfahrung gesammelt, bevor ich meine ersten beiden Schmalrehe schießen durfte. Sorgfältiges Ansprechen hatte ich von unserem Wildmeister gelernt, hatte auch schon mehrere Stücke aufgebrochen, ohne die Ärmel hochzukrempeln. „Was die Jagdburschen in Zeiten der Feudaljagden können mussten, kann auch heute nicht schaden", so damals unser Wildmeister. Nur wer ein Stück in kurzer Zeit aufbricht, ohne sich die Manschetten zu beschmutzen, beherrscht dieses Handwerk, war die Ansicht des Alten.

Ich durfte als Zwölfjähriger einen kümmerlichen Knopfbock erlegen. Es war für mich ein ähnliches Schlüsselerlebnis wie für dich dein erster Kudubulle, obwohl unser Wildmeister auf dem Hochsitz neben mir saß und alles vergleichsweise zivilisiert und unspektakulär vor sich ging. Ich hatte wahnsinniges Jagdfieber, auch wenn das Böckchen eher einem Springbock als einem Rehbock ähnelte.

Dann bekam ich von einem Onkel einen für unsere Gegend sehr starken Rehbock frei. Er hatte seinen Einstand in einem riesigen Weizenfeld, das er nie verließ. Der sonst nicht sehr großzügige Onkel hatte lange erfolglos versucht ihn zu schießen und war überzeugt, dass es mir jungem, unerfahrenem Spund sowieso nicht gelingen würde, den Kapitalen zu erlegen.

Am Abend ging ich zu dem besagten Schlag, dann abgezählte 400 Meter weiter, bis ich mich ungefähr in der Mitte des großen Feldes befand, legte mich in das taunasse Getreide und schlummerte ein. Als es dämmerte, erwachte ich, hob behutsam meinen Kopf und erblickte auf rund 300 Gänge eine Ricke und den Starken, viel zu weit für einen sicheren Schuss. Der Weizen stand so hoch, dass ich nicht im Sitzen auf meine Knie aufgestützt schießen konnte, weil das Wild verdeckt war. In wohl viertelstündlichem Abstand spähte ich vorsichtig über das Grün, um die Rehe zu beobachten. Langsam ästen sie von mir fort, und ich kroch ihnen nach. Ich war pitschenass und fror erbärmlich.

Nach zwei Stunden ging die Sonne auf, die Rehe taten sich nieder und blieben bis zum späten Vormittag unsichtbar. Als es immer wärmer wurde, erschien ein Jährlingsbock und zog dorthin, wo die beiden ruhten. Wie von der Tarantel gestochen stürmte er plötzlich in hohen Fluchten auf mich zu, gefolgt von dem Starken. Als die wilde Jagd gut 30 Gänge an mir vorüberging, sprang ich auf, der

Im Gegensatz zu meinem zweiten Rehbock war mein erster (Foto oben) ein kümmerlicher Spießer.

junge Bock verhoffte, der Alte erkannte die Gefahr zu spät und brach im Feuer zusammen.

In meiner jugendlichen Begeisterung vergaß ich all das Gelernte und stürzte zum vermeintlichen Anschuss. Meter um Meter schritt ich durch den Weizen, um dann wieder auf meiner gut sichtbaren Spur zu dem Platz zurückzugehen, von dem aus ich geschossen hatte. Kein Bock, kein Pirschzeichen, einfach nichts. Viermal stapfte ich deprimiert zum Ausgangspunkt zurück, um in immer größeren Bögen die Fläche abzusuchen. Fast eine Stunde lang musste ich den Weizen im weiten Umkreis zertrampeln, bis ich beinah über den verendeten Bock stolperte.

Einen Rehbock im Getreidefeld anzupirschen bedeutet eine ganz besondere Herausforderung für den Jäger.

Raubwild gestern und heute

Jagen für die Küche war für uns eine Selbstverständlichkeit, Routine. Dagegen war Raubwildjagd eine Notwendigkeit, für viele Viehzüchter eine Pflicht.

Raubtiere waren stets eine Bedrohung für unsere Viehbestände. Wir hielten wie gesagt Schafe, Ziegen und Rinder, und die frisch gesetzten Jungtiere zogen zahlreiche Geparden und Leoparden an, ausgesprochene Feinde, treffender Nahrungskonkurrenten der Farmer. Aber die Zeiten haben sich geändert.

Einheimische allerdings haben gegenüber den großen Katzen noch immer nahezu archaische Ansichten. Für sie sind es lediglich üble Viehräuber, die nach wie vor vergiftet werden. Gibt es kein Strychnin, dieses giftige Alkaloid, gewonnen aus den Samen der Familie der Brechnussgewächse, ist bei uns verboten, nehmen sie Phosphat. Das hat fast die gleiche Wirkung.

Weiße Farmer haben gegen Schakale früher auch Strychnin eingesetzt. Dann war auch mal ein Geier oder Honigdachs darunter. Doch Gift benutzen wir schon lange nicht mehr, weder gegen Großraubwild noch Schakale.

Bevor die Trophäenjagd bei uns en vogue wurde, war ein Leopard oder Gepard eigentlich nicht viel wert. Wir stellten dort, wo ein Jungtier gerissen worden war, schwere Tellereisen auf, verblendeten sie mit Zweigen, legten einen Zwangspass an und platzierten vor und hinter dem Eisen ein Stück Holz oder einen Stein, sodass der Leopard, wenn er zurück zum Riss wollte, darüberspringen musste und zwangsläufig in der Falle landete.

Am Eisen war eine schwere Kette mit einem Anker befestigt, durch die der gefangene Leopard beeinträchtigt wurde, wenn er flüchtete.

Leoparden sind unsagbar aggressiv und angriffslustig. Sie springen, wenn sie verfolgt werden, trotz des Eisens reaktionsschnell viele Meter weit. Ich weiß von Farmern, denen ein Leopard das Genick gebrochen, tödliche Bisswunden zugefügt oder die Kopfhaut abgerissen, sie quasi skalpiert hat, obwohl er das schwere Tellereisen mit Anker hinter sich herschleppte. Da diese Praxis nicht unserer ethischen Auffassung sowie unserer Einstellung zu Fair Chase entspricht, wenden wir sie schon lange nicht mehr an.

Ich habe meine ersten Großkatzen mit 14 Jahren geschossen, in meinem Leben weit über 20 erlegt, oft unter Lebensgefahr, und Jagdgäste auf Leoparden zu Schuss gebracht. Einem gefangenen Leoparden ging ich allerdings nie allein nach, sondern stets in Begleitung. Die Schwarzen, die mit mir kamen, waren mit Buschmessern, Macheten, Äxten oder Schrotflinten bewaffnet. Außerdem hielten wir Hunde, die den Leoparden aufspürten. Normalerweise verbellen sie die Katzen nur ganz kurz und kommen schnell zurück, um bei den Menschen Schutz zu suchen.

Ich wusste dann, dass der Leopard, der sie verfolgte, Bruchteile von Sekunden später ebenfalls bei mir sein würde und ging in die Hocke, die sicherste Position, einen angreifenden Leoparden zu treffen.

Als die Trophäenjagd auf unseren Farmen Schönfeld, Immenhof und Okongue immer populärer wurde, war ich bereits 20 Jahre alt. Damals scherte sich niemand um Trophäen. Fast alles Wild galt als Konkurrenz zum Vieh, und auf den Farmen wurden in den regelmäßig wiederkehrenden Dürrejahren keine größeren Bestände geduldet. Oryxantilopen waren als Grasfresser besonders unbeliebt. Zwar lieferten sie viel und schmackhaftes Fleisch, aber in erster Linie musste ja das Vieh überleben, und das ist in Dürrejahren in Namibia immer wieder ein großes Problem.

Auf Farmland bereiten Löwen mitunter ziemliche Schwierigkeiten, die Bejagung ist allerdings verhältnismäßig problemlos.

Auf unseren Farmen gab es auch viele Geparden. Trieben sie eine Schaf- oder Ziegenherde in die Ecke eines Camps - Farmen sind in etwa 400 Hektar große Parzellen, Camps genannt, eingezäunt, später auch in 200 Hektar große Weideflächen unterteilt -, töteten die schnellen Katzen manchmal im Blutrausch sieben, acht oder mehr Schafe, fraßen aber lediglich eines oder zwei.

Früher galten Raubtiere jeglicher Couleur, Geparden, Leoparden, Hyänen, Karakals (auch Wüstenluchs genannt - wurde lange Zeit den Luchsen zugeordnet, wird aber inzwischen nach neuestem Stand der Wissenschaft als eigene

Gattung betrachtet; „Karakal“ kommt übrigens aus dem Türkischen und bedeutet „Schwarzohr“) und Schakale, besonders auch bei Schaffarmern als große Bedrohung für die Viehbestände. Ich erinnere mich, dass ich einmal aus einem Rudel von sieben Geparden drei erlegte. Man muss das im Kontext zur damaligen Zeit sehen. Ich war stolz wie das tapfere Schneiderlein, drei Geparden auf einen Streich. Heute kann ich mir so etwas nicht mehr vorstellen. Heute verdrängen Braune Hyänen, auch Schabrackenhyänen oder Strandwolf genannt, unseren Gepardenbestand, fressen die Welpen, vertreiben die schnellen Katzen aus ihren angestammten Jagdrevieren und übernehmen sie. Bis in die frühen 80er-Jahre des vergangenen Jahrhunderts gab es in der Erongoregion so gut wie keine Braunen Hyänen. Es gerät durch manche Tierschutzorganisationen und die sich anbahnende Überbevölkerung das Verhältnis zwischen Menschen und Tieren ja oft aus den Fugen. Hier am Lagerfeuer erzähle ich auch nur, wie es früher war.

Südafrika war zur Zeit meiner Kindheit englisches Dominium. Taschengeld bekam ich noch in englischer Währung. Auf den Briefmarken waren King George, später Queen Elisabeth abgebildet.

Mein Vater musste einen Antrag stellen, wenn er einen Kudu oder ein anderes Stück Wild schießen wollte. Das Besitzrecht ging erst später auf die Farmer über. Dadurch wurden sie schließlich motiviert, das Wild zu hegen, solange es auf ihrem Gelände stand, dort galt es als ihr Eigentum.

Das Wild war nicht Eigentum der Grundbesitzer, es gehörte der Krone. Das änderte sich erst Ende der 1950er-Jahre. Namibia war bis dahin Mandatsgebiet unter Südafrika, wilde Tiere galten als „Kronwild“ bis zur Gründung der Republik Südafrika, die die Südafrikanische Union unter englischer Vorherrschaft ablöste.

Der Gepard ist hungrig, doch die wehrhaften Gnus sind keine leichte Beute für ihn.

Mit Tellereisen und Büchse

Als ich Verwalter bei meinem Vater auf Immenhof war, hatte ein Leopard ein Schaf gerissen. Wir hatten ein Schlageisen an den Riss gestellt und, damit man bereits von Weitem sehen konnte, ob sich darin etwas gefangen hatte, einen Stock daneben in den Boden gesteckt. Am selben Abend meldete der Hirte, der Stock sei umgefallen, der Leopard wäre zurückgekommen, hätte das Schaf fortgeschleppt, wir sollten am nächsten Morgen kommen und den Räuber verfolgen. Ungewöhnlicherweise hatte es in der Nacht geregnet. Dunst lag über dem Land, in Namibia etwas sehr Seltenes. Ich musste sowieso Lämmer holen und hatte Kanneman mitgenommen, wir hatten also zwei Gewehre. Wir fuhren in diesem Dunst, der Hund des Hirten begleitete uns, zum Ort des Geschehens. Außerdem war ein weiterer Hund bei uns, der Erfahrung mit Leoparden hatte.

Vorsichtig folgten wir der Spur. Obwohl an dem Eisen eine Kette und ein Anker hingen, war die Schleifspur schwer zu halten. Bald stießen wir auf eine Stelle, an der der Leopard geruht hatte.

Wahrscheinlich war er, weil sich der Anker wiederholt hinter Steinen oder Gebüsch verhakte, erst als er das Auto vernommen hatte, weiter Richtung Gebirge gezogen, denn danach war seine Spur frisch und einfach zu verfolgen. Die Hunde waren verschwunden. Plötzlich gaben sie Laut, stürmten uns entgegen und rasten an uns vorbei. Durch den Dunst hatten wir höchstens zehn Meter Sicht. Ich wusste, der Leopard würde ihnen unmittelbar folgen, kniete nieder, und schon erschien er. Zum Glück machte ihn der Anker, den er hinter sich herschleifen musste, etwas langsamer, sonst wäre ich ein toter Mann gewesen. Als er realisierte, dass nicht mehr Hunde ihn verfolgten, sondern ein Mensch, duckte er sich, und ich schoss in dem Augenblick, als er mich ansprang. Die Kugel schlug über seinem linken Auge ein. Der verendete Leopard lag nur wenige Meter vor mir.

Den Schädel habe ich präpariert. Er hing lange auf Immenhof, bis er verwitterte und schließlich verschwand.

Der Leopard bringt seine Beute (vor Fresskonkurrenten wie Hyänen) in Sicherheit.

Früh übt sich – als Trapper unterwegs

Über das Fallenstellen in meiner Jugend kann ich nicht so viel Spannendes berichten. Die Fallenjagd ist in Deutschland nur in einigen Niederwildrevieren notwendig. Da ich in einem Hochwildrevier aufgewachsen bin, spielte die Jagd mit Fallen eine untergeordnete Rolle.

Mit dem Fallenstellen hatte ich aber trotzdem früh Erfahrung gesammelt. Meine Trapperpassion wurde von den Mäusen, die auf dem Dachboden ihr Unwesen trieben, geweckt. Für jede gefangene Maus bekam ich nämlich von meiner Großmutter einen Groschen. Als die Einnahmequelle versiegte, weil die Nager weniger wurden, konstruierte ich eine Lebendfalle, kassierte die Prämie und ließ die Mäuse wieder frei – so lange, bis der Schwindel schließlich aufflog.

Als Nächstes widmete ich mich den Maulwürfen. Die Felle waren als wärmender Pelz, sowohl als Pelzinnenfutter als auch als Außenpelz, begehrt und mit einer Kneifzange problemlos abzuziehen. Ich bekam 50 Pfennig für jeden Balg.

Ich tüftelte schon damals an den verschiedensten Fangmethoden herum. Sehr erfolgreich war der Spatzenfang mit umfunktionierten Mäusefallen. Heute würde das mit Geldstrafe geahndet. Füchse fing ich im beköderten Schwanenhals, den ich unverblendet in Hüfthöhe an einen Baumstamm nagelte, Marder überlistete ich mit selbst konstruierten Schlagbäumen. Tellereisen setzte ich ebenfalls erfolgreich ein, heute undenkbar (und EU-weit verboten), die Berufsgenossenschaften und Tierschutzorganisationen würden laut aufschreien.

Mit bereits 14 Jahren war ich behördlich bestätigter Bisamfänger. Ich durfte den Nagern auch in Nachbarrevieren mit der Falle nachstellen und erhielt für jede Schwanzspitze drei und für jeden unbeschädigten Balg fünf Mark. Meine Jahresstrecke belief sich auf etwa 100 Bisams, ein kleines Vermögen.

Die Erfahrungen halfen mir, als ich in British Columbia eine Fangsaison lang die „Trapline“ eines indianischen Freundes übernahm und ein Vierteljahr im eisigen Winter der Rocky Mountains verbrachte. Dabei kamen mir auch die Kenntnisse über den Bau einfacher „Schlagbäume“ zugute, die ich dort erfolgreich eingesetzt habe. In Deutschland ist die Kunst des Fallenbaus ziemlich in Vergessenheit geraten.

Nach Mäusen, Maulwürfen und Bisams stellte ich auch den Füchsen im Winter mit der Falle nach.

Zweiter Teil:

War früher wirklich alles besser?

„In ferner Vergangenheit saß man am Ende des Tages am Lagerfeuer beisammen und erzählte sich Geschichten. So wurden die Legenden und Weisheiten der Völker von Generation zu Generation weitergetragen. Verdrängt von Gasherden und Elektroöfen, sitzt die Masse der Menschen heute vor dem Fernsehapparat, wird mit der offenen Flamme kaum noch konfrontiert. Manche Menschen träumen aber noch stundenlang gerne in ein prasselndes Kaminfeuer. Die tanzenden Flammen, das Farbenspiel von Rot, Gelb, Gold, Orange und Weiß, das geheimnisvolle, leise Rascheln, Knistern und Knacken beruhigen Seele und Geist. Ursprüngliches Jagen ohne viel Technik, nur auf die eigenen Sinne angewiesen, kennen genauso wie ein offenes Lagerfeuer nur noch wenige Jäger. Grillen im sommerlichen Garten ist ein letztes Überbleibsel der ursprünglichen Kochmethode und einer archaischen Kultur. Aber war die alte Zeit wirklich gut?“, frage ich den Freund. „In Deutschland hat sich manches zum Nachteil verändert, man spricht von Wildmanagement, nicht mehr von Waidwerk und Hege. In meiner Jugend war das Wild tagaktiv. Mondansitze an der Kirrung, Nachtsichtgeräte, Leuchtpunktabsehen, Gehörschützer, automatische ‚Kirr-Uhren‘, Entfernungsmesser, Wärmebildkameras kannten wir nicht, wir beherrschten die „Hohe Kunst des Jagens“, meditiere ich.

Der Wind hat sich längst zur Ruhe gelegt. Kein Lüftchen regt sich mehr. Kerzengerade steigt der Rauch unseres Lagerfeuers in den dunklen Himmel. Die Flammen bewegen sich auf und nieder sowie nach allen Seiten hin, sorgen aber trotzdem für eine beruhigende Atmosphäre.

Es ist kühl geworden, und ich rücke näher an die wärmende Feuerstelle. Die Flammen werden kleiner, züngeln nur noch ab und an, als wüssten sie, dass sie bald sterben, endgültig verlöschen müssen. Traumversunken starren wir in die dunkler werdende Glut. Ich fische mir einen glühenden Zweig heraus und zünde mir eine Pfeife an. Ein altes Gesetz der Wildnis: Brennt ein Feuer, wird kein Streichholz vergeudet.

Die Ellenbogen auf unsere Knie, den Kopf in die Handflächen gestützt, träumen wir in das knisternde Feuer. Es tritt eine lange Pause ein, bevor Hartwig wieder beginnt zu reden.

Die gute alte Zeit?

Natürlich tritt auch bei uns durch den Jagdtourismus das Schießen mehr in den Vordergrund. Die Gäste kommen schließlich nicht zum Hegen, wollen verständlicherweise eine Trophäe als Erinnerung mit nach Hause nehmen. Die deutschstämmigen Farmer hatten sich bezüglich Hege und Pflege des Wildes die Mentalität ihrer Vorfahren aus Deutschland bewahrt. Das galt auch für den Grundsatz: „Was du tötest, muss auch verwertet werden“ Sie konnten nicht verstehen, dass jemand Tiere ohne vernünftigen Grund tötet, zumal es keine entsprechenden Kühlmöglichkeiten gab.

Wir behalfen uns mit Petroleumlampen und Petroleumeisschränken. Fleisch länger zu lagern war nicht möglich. Deshalb schossen wir nur höchstens ein Stück Großwild in der Woche, das dann an die Farmangestellten verteilt wurde. Leichtes Hautgout ist mir noch gut in Erinnerung.

Schon als Kinder lernten wir Rauchfleisch und Biltong, ähnlich dem Bündnerfleisch, herzustellen. Gewürzt mit Pfeffer, Salz, Koriander, zum Schutz vor Insekten mit etwas Essig überträufelt, lässt es sich wochenlang lagern und gilt als Delikatesse. Farmkinder bekamen wenig Taschengeld. Im Schulinternat in der deutschen Privatschule in Karibib hatten wir anstelle von Süßigkeiten einen Schuhkarton voller Trockenfleisch. Weil die Maul- und Klauenseuche grassierte, mussten wir das Biltong an den Veterinärstationen vorbei ins Schülerheim schmuggeln. Das Land war in von der Seuche befallene Bezirke aufgeteilt, und an öffentlichen Straßen gab und gibt es noch heute

Biltongherstellung.

Seuchenkontrollstationen, an denen die Autos, vor allem die Reifen und zudem die Schuhe der Insassen, desinfiziert wurden bzw. werden. Im Internat tauschten wir das Fleisch dann mit den Stadtkindern aus Windhuk oder Swakopmund – Trockenfleisch gegen Schokolade oder Bonbons.

Unser Farmnachbar, ein Bure, schoss, was ihm vor die Läufe kam. Die Mentalität der Buren wurde gewiss durch die Treckvergangenheit ihrer Vorfahren (die langen Wanderungen der Buren mit ihren Ochsenkarren aus der Kapregion in Südafrika nach Norden, um die Republiken Oranje-Freistaat und Transvaal zu gründen) geprägt. Er forderte meinen Vater auf: „Komm rüber, ich habe fünf Gemsböcke geschossen." Vaters Einwand, warum er denn gleich fünf geschossen habe und wer das ganze Fleisch verwerten solle, wurde mit „Die standen so gut" abgetan. Mein Vater war entsetzt.

Wir alle, mein Vater, meine Mutter, meine Brüder, meine Schwester, waren sehr sichere Schützen. Wohl jede Farmersfrau war damals an der Waffe ausgebildet, zumal die Männer oft nicht zu Hause waren. Stachelschweine, Paviane, Hasen und auch Honigdachse hatten es immer wieder, hauptsächlich im Schutz der Dunkelheit, auf die Gemüsegärten abgesehen. Verirrte sich ein Kudu oder Duiker in den Garten, mussten die Beete schließlich verteidigt werden, womöglich Tag und Nacht.

Wir Jungs schossen je nach Bedarf drei, vier oder fünf Stück Großwild im Monat und mussten regelmäßig im Betrieb mithelfen. Neben üblichen Farmarbeiten gehörte Viehschlachten, Aufbrechen und Zerwirken zu unserem normalen Tagesablauf. Es geschah unter einem großen Kameldornbaum. An Schlachtkammern, geschweige denn an Hygienevorrichtungen bzw. -vorschriften, dachte damals noch niemand. Über einem alten Brunnen hing eine Umlenkrolle mit einem Flaschenzug, an dem das Wild hochgehievt und aus der Decke geschlagen wurde. Das Fleisch wurde in den Baum gehängt und sofort massenweise von Fliegen bevölkert.

Einen Kühlraum hatten wir noch nicht, lediglich einen sogenannten Verdunstungskühler, in dem sich Wildbret bei ungefähr 16 Grad Celsius zwei, maximal drei Tage hielt. Es musste vom Knochen ausgelöst sein, in mit Salzwasser getränkte Tücher gewickelt und auf den kühlen Fußboden gelegt werden. So konnte man ein Stück im Sommer drei Tage, im Winter allerhöchstens eine Woche aufbewahren, ohne dass es zu verderben begann.

Die Urzelle der Farm Schönfeld (1913): nur ein einziger Wohnraum, der Farmer schlief unter freiem Himmel.

Schönfeld, wie es sich 1929 präsentierte.

Eine andere Welt

Die Farmen waren um die 5.000 Hektar groß. Wir besaßen Immenhof, wo ich aufgewachsen bin, und Schönfeld, der erste Seydlitz-Besitz in Afrika. Der Kauf wurde 1913 von der deutschen Kolonialverwaltung, vom kaiserlichen Bezirksamt Omaruru, beglaubigt. Der Stempel auf der Besitzurkunde wurde also noch zu Kaisers Zeiten geprägt.

Damals gab es in dieser Gegend wenig Wild. Als mein Großvater die Farm kaufte, schrieb er in sein Tagebuch, er hätte in den fünf Tagen, in denen er zu Pferde die Grenzmarkierungen suchte – die Farm war von deutschen Beamten bereits vermessen worden –, zwar fünf Kudus, aber keinen einzigen Gemsbock gesehen. Die Wildbestände nahmen bereits während meiner Jugend zu. Fährt man heute durch dieses Gebiet, begegnet man neben vielen anderen Wildtieren zahlreichen Kudus, Gemsböcken, Springböcken und Warzenschweinen, es sind unsere Hauptwildarten.

Zur Zeit meines Großvaters war es ungeheuer schwierig, das Land mit Wasserleitungen zu erschließen. Es gab ja noch nicht einmal Kunststoffrohre. Erst mein Vater legte viele Wasserstellen an, denn mit neuen Techniken ließen sich Leitungen über viele Kilometer verlegen und entferntere Gebiete erschließen, sodass Rinder, Ziegen und Schafe nicht mehr so weit zu den Tränken ziehen mussten. Damit vermehrte sich logischerweise auch das Wild, denn seine Lebensbedingungen wurden dadurch ebenfalls günstiger.

Erfolgreiche Wassersuche im Dürrejahr 2024, früher dauerte eine Bohrung mitunter mehrere Monate, heute nimmt sie lediglich ein bis zwei Tage in Anspruch.

Wenn genug Regen fällt oder die Brunnenbohrungen ergiebig sind, dann ist Namibia »grün«.

Mit den Jagdtouristen änderte sich die Jagd

Die Südafrikaner wurden noch in den Zeiten der 1960er- bis 1990er-Jahre bis zur Unabhängigkeit 1991 wegen ihrer Apartheidspolitik international boykottiert. Flugzeuge nach Südwest und nach Südafrika durften den afrikanischen Kontinent nicht überfliegen. Sie musste einen Zwischenstopp von Frankfurt aus auf den Kapverdischen Inseln einlegen, einem portugiesischen Militärstützpunkt vor Nordafrika. Dort wurde zwischengetankt, um anschließend nach Windhuk oder Johannesburg weiterzufliegen. Erst 1973 gab es dann mit der Boeing 707 eine moderne Flugverbindung nach Südwestafrika, die den modernen Tourismus erst ermöglichte.

Mit dieser Entwicklung wurde der Jagdtourismus bei uns populärer. Deutsche Jäger fuhren bis dahin in den Sudan, nach Ostafrika, Uganda oder Kenia, wo noch gejagt werden durfte. Das südliche Afrika wurde erst mit den modernen Linienmaschinen für europäische Jäger in größerem Stil zugänglich.

Mein Vater engagierte sich von Anfang an für sie. Auch der unvergessliche Hubertus Graf zu Castell-Rüdenhausen, ein alter Freund unserer Familie, setzte sich für die geregelte Touristenjagd ein. Er machte enorme Werbung für unser Land und rief dazu auf, Jagdgäste aufzunehmen.

Die meisten Farmer waren anfangs noch zurückhaltend, weil sie nicht wussten, was sie erwartete bzw. was die Jagdgäste von ihnen erwarteten. Die Farmgebäude waren spartanisch einfach ausgestattet, für Gäste wenig geeignet und mussten in den 1970er-Jahren gemäß den Ansprüchen der Deutschen umgebaut und eingerichtet werden.

Mein Vater baute unsere Farm Immenhof entsprechend um. Das Haus hatte Zementböden, die gefliest werden mussten. Die verwaisten Kinderzimmer, wir waren ja im Internat, wurden zu Gästezimmern umgestaltet. Die Unterkünfte mussten bei der Behörde registriert werden, doch mit der Zeit erfolgte bei vielen Farmern ein Umdenken, und es etablierten sich mehr und mehr Gästefarmen für Jäger.

Im Lande herrschte Anarchie, tobte der Freiheitskampf der heute regierenden SWAPO. Wir nannten die Guerillas, die unsere ohnehin spärliche Infrastruktur zerstörten, Landminen legten, Grundbesitzer töteten, „Terroristen", sie selbst bezeichneten sich als „Freiheitskämpfer".

Man lebte gefährlich. In Parkhäusern und Geschäften wurden Bomben gelegt, Stromleitungen und Telefonmasten wurden gesprengt, jeden Morgen und jeden Abend nahmen alle Farmen der Nachbarschaft Verbindung über das Radio

Schönfeld endlich fertiggestellt. Wo einst Gästetoilette und Freilandbadezimmer standen, befindet sich heute eine komfortable Lodge mit Swimmingpool, die für Jagdgäste keine Wünsche offen lässt. Unten links sieht man das 1929 aufgenommene Haupthaus: zwei Schlafzimmer und ein Bad, gekocht wurde unter freiem Himmel.

miteinander auf und fragten: „Seid ihr noch am Leben?“ Schließlich herrschten immer noch bürgerkriegsähnliche Zustände. Es dauerte lange, bis Namibia wieder ein Ziel für Touristen, vor allem für Jäger, wurde.

Damals kamen eher abenteuerlustige Männer zu uns, selten Familien mit Kindern, weil das Leben in Namibia, wo noch sogenannte Rassentrennung herrschte, ziemlich gefährlich war und der Buschkrieg das Überleben mitbestimmte.

Jagen bestand nicht in Hochsitzgemütlichkeit und passivem Warten auf Wild, sondern war eine aktive, kräftezehrende Betätigung. Es besaß trotz großer eingezäunter Farmen den Hauch der Ursprünglichkeit, verlangte Risikobereitschaft, Mut, körperliche Fitness und Kondition. Massentourismus gab es in dieser Zeit ja noch nicht. Jagdliches Können zählte mehr als Luxus, Hightech und für jedermann käufliches Vergnügen.

In den Jahren 1960, 1961 und 1962 litt das Land unter extremen Dürren. Dann grassierte die Maul- und Klauenseuche. Wir mussten mit unseren Rindern in entfernte Gebiete, mitunter bis hinter den Waterberg, ziehen, bis auch das durch die Seuche unterbunden wurde. Unser Fleisch konnten wir kaum noch vermarkten. Es folgten extrem schwere Jahre, bis 1963 endlich Regen fiel und das Leben erträglicher wurde. Allmählich breitete sich bei uns sogar bescheidener Wohlstand aus. Die Karakulschafzucht wurde rentabler, bis Tierrechtler das Tragen von Pelzen verteufelten und Mitte der 1970er-Jahre die lukrative Persianerschafzucht zusammenbrach.

Mein Vater suchte nach anderen Erwerbsquellen, und die boten sich mit geführten

Trophäenjagden an. Fleischjagd war bis dahin ein selbstverständlicher Bestandteil des Farmlebens, es ging ja gar nicht ohne, aber bei Trophäen hieß es umdenken.

Pioniere für diese Entwicklung waren unter anderem Hubertus Graf zu Castell-Rüdenhausen, Basie Maartens und Volker Grellmann. Ihnen hat das Land sehr viel zu verdanken.

Es gab noch keine jagdliche Ausbildung, geschweige denn Jägerprüfungen, es gab überhaupt keine Jagdgesetze. Jeder durfte ein Gewehr führen, es musste lediglich beim Magistrat angemeldet sein. Auf dem Lande jagte fast jeder, konnte jagen, durfte jagen. Das änderte sich dann allerdings verhältnismäßig schnell.

In erster Linie von Graf zu Castell-Rüdenhausen initiiert, der in Deutschland groß geworden war und deutsche Bestimmungen, sofern man sie auf unser Land übertragen konnte, etablierte. Auch Volker Grellmann hat sich sehr für die Jäger Namibias eingesetzt. Er stammte, wie Graf zu Castell-Rüdenhausen, aus Deutschland, war Kürschner, wurde Jagdführer und setzte sich engagiert für jagdliches Brauchtum ein, so wie es in Deutschland gehandhabt wird. Obwohl in Namibia viele Grundbesitzer deutschstämmig sind, war dieses Brauchtum in der Wildnis völlig in Vergessenheit geraten.

Mein Vater war einer der Ersten, der mit auf diesen Zug aufsprang. Unter anderem denke ich dabei an alte Haudegen wie Hase, Pistorius, Meyer, Böhmker, Sibold und Markgraf.

Diese Männer nahmen an einem Tageskurs teil, absolvierten eine kurze mündliche Prüfung, das war's: Von nun an durften sie Jagdgäste führen.

Nun mussten die alten Knaben lernen, dass man sich Waidmannsheil wünscht, wie man einen Bruch überreicht und an die richtige Seite des Hutes steckt. Anfangs wurde dieser Trend belächelt. Man fand es albern, einen Zweig abzubrechen und den Schützen zu beglückwünschen. Auch die Jägersprache fand man völlig überflüssig, bis man lernte, dass deutsche Jäger großen Wert darauf legten.

Mein älterer Bruder Friedhelm war Verwalter auf Immenhof. Er und mein Vater betreuten viele Trophäenjäger, hauptsächlich aus Deutschland, während ich noch in der Ausbildung war. Als ich schließlich dazustieß, waren die Anforderungen schon anspruchsvoller. Es gab einen Kursus, Wildtierkunde, Waffenkunde, Gesetzgebung, und ein schriftliches Examen, das einen Vormittag dauerte. Damals mussten drei Fragebögen ausgefüllt werden. Ich erinnere mich, dass mehrere meiner Freunde durchfielen und die Durchfallquote eines Kurses einmal 60 Prozent betrug.

Schwarze durften bis 1991 nicht Jagdführer werden. Bis dahin standen wir noch unter südafrikanischer Herrschaft.

Es kamen nach und nach immer mehr Jäger aus dem Ausland zu uns. Ihre begehrteste Beute war meistens ein Großer Kudu.

Impalas wurden erst 1986 auf Schönfeld heimisch.

Auch Werbung für Jagdfarmen zu machen war den meisten Farmern fremd. Wir hatten Kurbeltelefone, später Telefone mit Wählscheiben, mussten uns vom Fräulein vom Amt verbinden lassen. Eine Telefonverbindung nach Deutschland zu bekommen war stets ein Abenteuer. Es gab weder Telex noch Fax. Faxgeräte kamen erst Ende der 1980er-Jahre nach Namibia.

1980 heiratete ich. Ein Jahr später ging mein Vater in den Ruhestand nach Swakopmund, ich übernahm Schönfeld und begann mit der Führung von Jagdgästen.

Bis dahin arbeitete ich als Verwalter auf anderen Farmen, erst im Süden, wo wir viele Springböcke hatten, dann auf einer über 30.000 Hektar großen Rinderfarm und später auf einem Milchbetrieb bei Grootfontein. Auf allen drei Farmen musste ich Großwild schießen, um den Fleischbedarf der Angestellten zu decken.

Mein Bruder Friedhelm übernahm Immenhof, ich zog in das seit 1940 verwaiste Schönfeld und gründete auf den Fundamenten meines Großvaters eine neue Existenz. Als Erstes musste ich mein Jagdführerexamen bestehen. Dann kam das Berufsjägerexamen. Das konnte man, wenn man eine registrierte Gästefarm besaß, zwar sofort ablegen, aber Schönfeld war noch nicht offiziell als Gästefarm eingetragen. Deswegen begann ich als Jagdführer auf der Farm meines Vaters, baute bei mir zwei Gästezimmer aus, jagte aber für und unter meinem Bruder und arbeitete, weil ich Geld benötigte, um meine Farm als Gästebetrieb ausbauen zu können, für Volker Grellmann und Jan Oelofse, die beiden damals größten Jagdunternehmen Namibias. Jan war auf Amerikaner, Grellmann auf Europäer spezialisiert, beide führten aber auch Jagdgäste anderer Nationen.

Namibia war in dieser Zeit immer noch Mandatsgebiet von Südafrika. Die Kriminalität war hoch, Farmer wurden ermordet, und es kamen kaum Jagdgäste ins Land. Schließlich erschienen die Blauhelme. Mandela wurde freigelassen, man kann sagen, die Südafrikaner übten ihre Unabhängigkeit bei uns, wollten lernen, wie man einen Staat in die Unabhängigkeit entlässt. Es klappte, trotzdem kamen weniger Jäger.

1986 konnte ich mich endlich als Gästefarm und Jagdführer registrieren lassen. Die NAPHA, unser namibischer Berufsjagdverband, hatte viel Werbung gemacht, einige Vorstandsmitglieder besuchten die großen Jagdmessen in Dortmund, Salzburg, Wien, Las Vegas, Dallas. Auf einer Hauptversammlung der NAPHA wurde schließlich beschlossen, dass die Mitglieder selbst für ihre Unternehmen werben müssten, und dann ging es auch tatsächlich richtig los.

Von freier Jagd zum Massentourismus

Der befreundete Farmer Andries Pretorius und ich waren die ersten namibischen Jäger, die privat zur Messe „Jagd & Hund“ nach Dortmund fuhren sowie die Messen „Jaspowa“ in Wien und „Die Hohe Jagd & Fischerei“ in Salzburg besuchten. Heute tummeln sich dort jedes Jahr bis zu 30 Jagdfarmer allein aus Namibia.

Ich hatte weder Erfahrung mit Marketing noch Werbung oder Verkauf, aber die Messeleitung unterstützte mich mit Rat und Tat. Ich ließ Plakate und ein einfaches Banner drucken, teilte mir mit meinem Freund einen winzigen Stand, hatte aber von dem ganzen Geschäft keine Ahnung. Ich erzählte den Besuchern fröhlich, wo Namibia liegt, was ich dort so alles trieb, und sie hörten sich alles geduldig an.

Ich hatte anschließend auf den Messen in Salzburg und Wien sowie auf der „Trail & Safari Show“ in Köln noch einen Stand. Die Ausstellungen waren ziemlich teuer, aber am Ende hatte ich genug Buchungen, um meine Bankschulden zurückzuzahlen. Ich musste nämlich Geld aufnehmen, war durch den Aufbau der Farm verschuldet, hatte noch eine weitere Farm dazugekauft und sämtliches Vieh bereits verpfändet.

Zu dieser Zeit lag die Inflationsrate in Namibia bei über 20 Prozent. Ich zahlte mehr als 30 Prozent Zinsen. Es waren schwere Zeiten, doch ich habe alles auf eine Karte gesetzt.

Bis zur Unabhängigkeit 1991 mussten wir uns sehr um Jagdgäste bemühen. Dann verließen die Südafrikaner Namibia. Die UNO zog sich ebenfalls zurück, es kamen endlich wieder Jäger ins Land.

Nun waren es nicht mehr einzelne, abenteuerlustige Männer, sondern Jäger mit ihren Familien, die zudem noch Rundreisen durchs Land unternahmen. Landesweit entstand ein wahrer Boom. Ich musste weitere Unterkünfte für die immer größere Zahl der Jagdtouristen bauen. Andere Farmer sprangen ebenfalls auf diesen Zug auf.

Namibia wird regelmäßig von schweren Dürren heimgesucht. Die Farmer müssen dann wegen Weidemangels Vieh verkaufen, und der Tourismus, besonders die Trophäenjagd, eröffnete nun neue Perspektiven. Es kamen immer mehr Jagdgäste, vor allem auch Amerikaner, zu uns. In den Staaten war Namibia bis dahin kaum bekannt. Die meisten Leute kannten das Land nicht. „Nämbia?“ – „Nemia?“, wurde ich auf den Messen in Amerika gefragt. Sie kannten Sambia und Kenia, hatten aber keine Ahnung, wo Namibia liegt. Deutschen und Österreichern war es geläufiger, weil viele von ihnen noch Deutsch-Südwestafrika in Erinnerung hatten.

Deutsche Jäger wollen in ihrem Urlaub ein, zwei, im Höchstfall auch drei Stück Wild schießen. Sie legen Wert auf starke Trophäen und kommen gerne wieder. Dadurch unterscheiden sie sich von der Denkweise anderer Nationen. Spanier

kommen meistens nur einmal, schießen, was der Lauf hält, und sammeln ein, was sie bekommen können. Je mehr, desto besser. Anschließend fahren sie in ein anderes Land. Namibia ist für sie abgehakt. Amerikaner wollen auch möglichst viel erlegen. Sehr vielen geht es um Hornlängen, um Gewichte, um Rekorde. Der deutsche Durchschnittsjäger sucht eher reife Trophäen, das Wild sollte alt sein, und er schätzt auch abnorme Trophäen. Amerikaner, Russen und Spanier verschwenden darauf keinen einzigen Blick. Keiler mit einem abgebrochenen Gewehr oder Haderer würden sie kaum schießen.

Ab 1973 nahm in Südwestafrika der Flugtourismus mit Jägern aus aller Herren Länder immer mehr zu.

Schweine sind übrigens das Lieblingswild der Deutschen. Amerikaner legen wenig Wert darauf. Spanier schießen am liebsten gleich fünf oder zehn Sauen. Sie suchen, wie gesagt, mehr Quantität als Qualität. All das mussten wir erst lernen.

Vom Vieh- zum Wildfarmer

Schließlich kamen Jäger aus aller Herren Länder zu uns und wollten möglichst viele und unterschiedliche Wildarten erlegen. Kudus, Bergzebras, Warzenschweine, Springböcke, Oryxantilopen gab es ja auf den meisten Farmen, aber das reichte anspruchsvollen Jagdtouristen nicht, und man importierte deshalb Arten wie Blessbock, Weißschwanzgnu (Black Wildebeest), Streifengnu (Blue Wildebeest aus Südafrika) sowie Wasserbock. Dem schob unsere Veterinärbehörde allerdings bald einen Riegel vor, weil Gnus eine lebensbedrohliche Infektionskrankheit, den Rotz (fachsprachlich Malleus), verbreiten. Während der Kolonialzeit wurden auf Befehl der deutschen Veterinärbehörden deshalb Streifengnus ausgerottet. Wer nicht alles daransetzte, sie auf seiner Farm zu eliminieren, machte sich strafbar.

Später kamen noch Sable (Rappenantilopen), Roan (Pferdeantilopen) und Nyala dazu.

Durch intensive Viehhaltung waren Wildhunde, Löwen, Tüpfelhyänen, Elefanten und eben auch Streifengnus in Namibia verschwunden. Der Wunsch, diese Wildarten zu erlegen, blieb aber bestehen, und deshalb wurden sie importiert. Um die Farmen, auf denen Gnus gehalten werden, wildsicher abzuschotten, muss ein doppelter wildsicherer Zaun mit einem zehn Meter breiten Korridor, ein sogenannter Veterinär-Kontrollzaun, gespannt werden, erst dann darf man Gnus halten. Auch staatliche Parks müssen diese Bedingungen erfüllen.

Am einfachsten ist das in der Kalahari, die für die Rinderzucht zu trocken ist. Dort florierte die Schafzucht. Auf den riesigen Farmen arbeiteten Ovambos, die stets nur auf ein Jahr begrenzte Arbeitsverträge bekamen, dann mussten sie zurück in ihr Land nördlich der Etosha-Pfanne. Irgendwann streikten die Leute. Die Farmer hatten kaum noch Personal, um die großen Flächen zu beaufsichtigen und das Raubwild in Schach zu halten. Man begann die Tiere zu eliminieren, und die Gebiete wurden schakalsicher eingezäunt.

Die Zäune sind durchschnittlich 1,20 Meter hoch, Gnus überspringen sie ungern, kriechen lieber unter ihnen durch, deswegen sind die Bedingungen ideal, um Weißschwanz- und Streifengnus aus Südafrika zu importieren. Blessböcke aus dem Oranje-Freistaat entwickelten sich dort ebenfalls erfreulich.

Ich hatte meine Jagdaktivitäten zu dieser Zeit weit ausgedehnt und fuhr mit meinen Gästen oft vom Flughafen aus direkt in die Kalahari. Wir blieben drei, vier Tage in der Wüste, jagten Streifen- und Weißschwanzgnus, Bless- und Springböcke und anschließend Kudus, Oryx, Warzenschweine und Bergzebras auf meiner Farm. Das funktionierte, bis Farmer auf ihren Besitzungen in der Wüste selbst Wild aussetzten und Gäste führten.

In Dürrejahren mussten sie zwar, bevor es verhungerte, sowieso viel Wild schießen, konnten es aber im Gegensatz zu den Schafen nicht

verkaufen, weil sie bis dahin wenig Erfahrung mit Jagdgästen hatten und es an entsprechender Infrastruktur mangelte.

Das änderte sich jedoch mit der Zeit. Pelzgegner erreichten, dass die Zucht von Karakulschafen für die Pelzmode zusammenbrach. Mehr als drei Millionen Schafe mussten geschlachtet werden. Viele Farmer stellten daraufhin auf die Zucht von Fleischschafen um, die als Lämmer oder Hammel geschlachtet werden. Ein weiterer Ausgleich für die finanziellen Verluste wurde dann die Trophäenjagd.

Blessböcke stammen ursprünglich aus Südafrika, wo sie nur dank umfangreicher Hilfsprogramme der Jäger überlebt haben. Erst in den letzten Jahrzehnten wurden sie erfolgreich auf Jagdfarmen in Namibia eingebürgert.

Die oft in großen Herden gesellig lebenden Streifengnus waren in Namibia weit verbreitet, wurden aber, da sie als Überträger von Krankheiten gelten, gnadenlos verfolgt (und sind auf vielen Viehfarmen zwischenzeitlich verschwunden).

Der Boom der kommerziellen Trophäenjagd

Irgendwann begann man dann auf Wildauktionen Wildtiere zu kaufen und zu verkaufen. Sie wurden mithilfe von Hubschraubern in große Bomas, sichere Umzäunungen, die das Vieh vor den großen Beutegreifern schützen, getrieben, sediert und mit Lastwagen zu anderen Farmen transportiert, was letztlich die Kommerzialisierung der Jagd mit allen ihren negativen Begleiterscheinungen mit sich brachte, die zwar Arbeitsplätze bescherte, aber ein Umdenken der konservativen Jäger in Namibia erforderte.

Futtermittelwerke produzierten neben Vieh- auch Wildfutter, Veterinäre spezialisierten sich auf Wildtiere, und auch die Pharmaindustrie profitierte davon. Wildtransportunternehmen gründeten sich, es entstand unter den Farmern ein reger Handel von Wild zur Blutauffrischung, ja es gibt heute sogar eigene Zeitschriften für diese Branche.

Der Staat unterstützte die Einbürgerung von Wildarten aus dem südlichen Afrika, und auch ich zog einen Doppelzaun um meine Farmen.

Für gewerbliche Trophäenjagd in Namibia muss das Areal mindestens 1.000 Hektar (das entspricht zehn Quadratkilometern) groß sein. Ich besitze über 11.000 Hektar, also 110 Quadratkilometer. Anfangs hatte ich davon nur rund 2.000 Hektar abgezäunt und Gnus sowie Blessböcke ausgesetzt, aber die Blessböcke wurden fast alle von Geparden geschlagen, was mich veranlasste, die Haltung von Blessböcken zu beenden.

Warzenschweine, die es ja im Süden nicht gibt, bereiteten mir hinsichtlich der Sicherung durch Zäune große Probleme. Sie kriechen oder wühlen sich unter dem Draht durch, biegen ihn hoch, und anderes Wild folgt. Oryx, Hartebeest, Springböcke und auch Zebras kriechen normalerweise unter Zäunen durch, Kudus, Impalas und Elands überspringen sie in einer hohen Flucht. Es dauerte lange, bis wir unsere Erfahrungen mit dem neuen Wild gesammelt hatten und nach und nach unsere Angebotspalette erweitern konnten.

Mir war klar, dass es auf kleinen, eingezäunten Flächen für gute Jäger nicht sehr spannend ist zu jagen. Es ist zwar legal, aber für sie keine übermäßige Herausforderung. Also zäunte ich die gesamten 11.000 Hektar inklusive zweier über 400 Meter hoher Berge ein und verkaufte mein Vieh. Ich hätte es wegen Futtermangels sowieso abgeben müssen, denn es kam wieder eine große Dürre, und kaufte von dem Erlös Zaunmaterial. 1996 hatte ich mich von meinen gesamten Viehbeständen, Rindern, Schafen und Ziegen getrennt, hielt lediglich Hühner, Pferde, ein paar Enten sowie Gänse und „farmte“ nur noch mit Wild.

Die Innenzäune - die ganze Farm war ja in zahlreiche kleinere Camps aufgeteilt - riss ich ab und steckte alles in die Außengrenzen. Es war ein aufwendiges Unterfangen. Bis ich die gesamte Farm umzäunt hatte, vergingen fast drei Jahre. Weil die Flächen verbuscht waren, mussten wir riesige Gebiete in mühsamer Handarbeit zusätzlich auch noch entbuschen. Dann setzte ich Giraffen, Flächenzebras und Springböcke aus, die es hier schon lange nicht mehr gab. Felszeichnungen, die auf meiner Farm gefunden wurden, beweisen allerdings, dass sie ebenso wie Gnus hier in früheren Zeiten zahlreich vorkamen.

Die urigen Keiler mit ihren gewaltigen Waffen sind für deutsche Jäger eine begehrte Beute.

Ein glücklicher Leopardenjäger.

Wild muss gemanagt werden

1986 fuhr ich das erste Mal zur Jagdmesse „Jagd & Hund“ nach Dortmund. Zehn Jahre später besaß ich eine exklusive und bekannte Jagd- und Gästefarm, hatte 11.000 Hektar mit einem wildsicheren Gatter eingezäunt, und es begann ein ganz neues Kapitel in meinem Farmerleben.

Viele der alten, konservativen Jäger, unter ihnen besonders mein Freund Kai Uwe Denker, sind der Meinung, Jagen in gezäunten Gebieten habe nichts mit der Jagd des alten Afrikas zu tun, sondern sei Kommerz. Ich stimme dem zu, habe auch für Farmer Verständnis, die gerne wieder Zustände wie früher hätten, also die Jagd neben der Viehzucht als legitime Nutzung ihres Landes verstehen, jedoch funktionieren Schutz und Erhalt der Wildbestände im südlichen Afrika nicht mehr ohne Zäune. Allein die Explosion der einheimischen Bevölkerung und die damit einhergehende zunehmende Wilderei lassen dies nicht zu.

Damit Nashörner oder Giraffen in Gebieten, in denen sie ausgesetzt wurden, vor Wilderei geschützt sind und diese nicht verlassen, ist man ebenfalls auf entsprechend hohe Wildzäune angewiesen.

Meine Farm ist etwa 14 Kilometer lang und im Schnitt sieben Kilometer breit, und man kann sich hier schnell verirren und schlimmstenfalls sogar verdursten. Man fährt stundenlang, bis man zu einem Zaun kommt. Gäste haben nicht das Gefühl, in einem Gatter zu jagen. Für europäische Verhältnisse ist das Areal unberührte Wildnis, denn je größer die Gebiete sind, desto schwieriger und natürlicher wird das Jagen. Europäische Gatter werden unter anderen Dimensionen bewirtschaftet. Ein Betrieb in meiner Nachbarschaft ist 65.000 Hektar groß. Dort muss man schon sehr lange laufen, um auf einen Zaun zu stoßen.

Unsere Farmen werden mitunter von Leuten beurteilt, die nie in den weiten Flächen gejagt haben. Ich kenne eingezäunte Gebiete in Europa, in denen Wild für die Jagd gemästet wird, man sucht sich im Vorfeld aus einem Katalog ein Tier aus, um es dann quasi zu liquidieren.

Von mir ausgewilderte Giraffen fanden auf meinen 11.000 Hektar großen Flächen natürliche Lebensbedingungen und haben sich fantastisch angepasst. Dazu habe ich Wasserböcke eingebürgert, eine Wildart, die es nie allein geschafft hat, durch die Kalahari hindurch hierher zu gelangen. Sie sind an das Leben am Wasser gebunden und haben, wie Gemsböcke, eine hohe Vermehrungsrate.

Viele Stimmen behaupten, einige der eingebürgerten Wildarten gehören nicht nach Namibia, aber Betreiber einer Jagdgästefarm müssen auch an die finanzielle Seite ihres Unternehmens denken. Schließlich sind Rinder und Karakulschafe auch nicht ursprünglich in Afrika beheimatet. In Deutschland sind es beispielsweise Mufflon, Sika und Damhirsch, die erst verhältnismäßig spät eingebürgert wurden.

Das Verhalten der Touristen hat sich geändert. Viele Gäste nehmen sich höchstens eine Woche

Zeit, um dann auf unterschiedliche Arten zu jagen, wollen danach noch die Etosha-Pfanne, die Küste, Swakopmund und die Kalahari sehen, das Damaraland bereisen und die hohen Sanddünen des Sossusvlei, den Stamm der Himba, eines der letzten noch existierenden Nomadenvölker Afrikas, das Buschmannland oder den Caprivizipfel kennenlernen. Viele buchen nur wenige Jagdtage und verbringen die andere Zeit mit ihrer Familie auf Reisen durch das Land. Darauf müssen sich Gästefarmen einstellen.

Oft wurde ich gefragt, welche Wildarten außer Warzenschwein, Kudu und Gemsbock bei mir noch zu bejagen seien. Und darauf musste ich reagieren, musste andere Wildarten suchen. So konnte ich mit Elands aushelfen, die es in der Nähe von Otavi, am Waterberg oder bei Grootfontein gibt. Wollte ein Gast eine Giraffe oder ein Flächenzebra schießen, fuhr ich nach Gobabis, diese weiten Fahrten kosteten natürlich Zeit.

Giraffe, Flächenzebra, Streifengnu, all diese Wildtierarten hatte es hier früher auch gegeben, warum sollte man sie also nicht wieder ansiedeln?

Ich setzte sie also auch aus, möglichst aus mindestens drei verschiedenen Blutlinien, um Inzucht zu vermeiden. Aus wildbiologischer Sicht bedarf es des Einsatzes von ungefähr 60 Tieren, um einen gesunden Bestand zu halten, damit er hinsichtlich der Gene autark ist. Bei kleineren Beständen benötigt man fremde Stücke zur Blutauffrischung, um Inzucht zu vermeiden.

Damit männliche Stücke nicht ihre Töchter oder Enkel beschlagen, müssen sie ausgetauscht werden.

Heute muss ich Giraffen schießen, die sich stark vermehrt haben, damit das Gleichgewicht zwischen Flora und Fauna bestehen bleibt, aber auch um den Fleischbedarf meiner Angestellten sicherzustellen.

Wo der Mensch in ehemals unberührte Naturlebensräume dringt, Fauna und Flora seinen Stempel aufdrückt, wird Wildtiermanagement unerlässlich.

Begrenztes Jagen im „Gatter“ Namibia

Auf einer Jagdfarm, auch wenn sie noch so groß ist, kann man nicht ständig jagen. Wild vermehrt sich schließlich nicht unbegrenzt. Ich jage daher mit meinen Gästen auch auf anderen Farmen, beispielsweise im Bezirk Kalkfeld, Omaruru oder im Erongogebirge. Starke Elands schießen wir im Gebiet um Otavi, wo die Lebensbedingungen für Elenantilopen günstig sind.

Setzt man Wild aus, dann nur, wo es sich nachhaltig ohne menschliche Hilfe in freier Natur vermehren kann und auch in gewisser Weise dem Raubwild überlegen ist. Leoparden beispielsweise sind bei mir nicht wegzudenken. Wir haben hohe Berge, tiefe Flussläufe, Warzenschweine schaffen Durchgänge unter den Zäunen, alles günstige Lebensbedingungen für sie. Mehr als zehn Leoparden sind wahrscheinlich zu viel, die Anzahl wird durch das Nahrungsangebot geregelt. Ist nicht genug Wild vorhanden, weichen sie auf Nutztiere aus, und schon beginnen die Probleme. Obwohl die Bestände von Geparden, Leoparden und Braunen Hyänen zunehmen, bekomme ich jährlich nur einen männlichen Leoparden mit einem Mindestgewicht von 50 Kilogramm für meinen Eigenbesitz zum Abschuss frei. Auch der Zuwachs der Bestände der Braunen Hyänen, die früher äußerst selten waren, ist besorgniserregend. Trotzdem werden jährlich jedem Berufsjäger nur zwei erwachsene Exemplare zum Abschuss freigegeben.

In der Erongoregion lebt etwa ein Leopard pro 1.000 Hektar. Auf meiner Farm sind es mindestens zehn. Sie haben auch ihre Berechtigung. Wenn sie allerdings zu viel Wild reißen, ist eine Abschussgebühr von 6.000 Dollar pro Leopard, gleichsam als Wiedergutmachung, gerechtfertigt.

Früher haben wir Fallen gestellt. Heute wird Raubwild in aller Regel von ausländischen Jagdgästen erlegt. Ich bin mit der Fallenjagd groß geworden. Für mich war sie so lebensnotwendig wie für die Trapper in Nordamerika, die vom Fang der Pelztiere leben.

Auch in Deutschland hat man Tellereisen und Schwanenhälse eingesetzt, bis sie 1995 in der gesamten EU verboten wurden. Die NAPHA (Namibia Professional Hunting Association, namibischer Berufsjagdverband) hat sich diesem Verbot angeschlossen. Ich glaube, es liegt mit daran, dass man in Europa, durch Tierschutzorganisationen angestachelt, dazu neigt, Tiere zu vermenschlichen. Meine Fallen hängen nun jedenfalls verrostet am Haken.

Drei meiner Nachbarfarmen gehören inzwischen schwarzen Farmern, früher gab es hier ausschließlich weiße Farmer. Dass die neuen Eigentümer die Betriebe aufgrund Enteignungen weißer Farmer erworben haben, könnte unter Umständen auf längere Sicht zu einer angespannten Situation führen.

Die schwarzen Farmer besitzen kein Jagdausübungsrecht, dürfen weder Jagdgäste führen noch selbst schießen. Das heißt allerdings im Umkehrschluss: Wo nicht gejagt werden darf, wird gewildert. Zudem schlachten Schwarze selten ihr eigenes Vieh, es bedeutet für sie Reichtum. Je mehr sie besitzen, desto angesehener sind sie. Sie töten höchstens eine kranke Kuh, ein gesundes Tier versuchen sie durchzufüttern. In Trockenzeiten haben sie dadurch große Verluste. Kommerzielle Farmer verkaufen, wenn sich eine Dürre anbahnt, ihre Tiere, legen das Geld möglichst sicher an und schaffen sich erneut Tiere an, sobald sich die Weidebedingungen verbessert haben. Die Einheimischen können sich einfach nur sehr schwer von ihrem Vieh trennen.

Doch Tiere vermehren sich nun mal, und oft muss dann der Mensch eingreifen. Die Menschen breiten sich immer weiter aus, nehmen Gebiete in Anspruch, die früher nur von wilden Tieren bevölkert waren. Jeder Tierbestand, ob eine Schweinemast, eine Geflügelzucht oder ein Wildbestand, gerät ohne menschliche Eingriffe an seine Grenzen. Ein Viehbesitzer kann nur einen so großen Bestand an Tieren halten, wie er ihn zu ernähren in der Lage ist. Gleiches gilt auch für Wildnisgebiete oder beispielsweise den namibischen Etosha-Nationalpark.

Ich versuche auf meiner Farm Fauna und Flora im Einklang zu halten, damit das Wild sich nicht übermäßig vermehrt, weil es sich sonst selbst schadet. Es würden Krankheiten auftreten, Seuchen, Parasiten, Milzbrand und was es sonst noch alles gibt. Sind Tiere erst einmal geschwächt, kommen Zecken, blutsaugende Läuse und anderes Ungeziefer dazu. Bahnt sich dann eine Dürre an, und das ist nicht selten, muss ich viele Tiere verkaufen, bevor sie verhungern. Kommen bessere Bedingungen, kann ich wieder Wild zukaufen. Mit wenigen Worten ausgedrückt: Wild muss „gemanagt“ werden, aber dieses Wildmanagement ist anders als in Deutschland. Bei euch nennt man es Hege. Ich glaube, euer heutiges „Wildmanagement“ ist herzloser, gefühlloser, geschäftsmäßiger als die Bewirtschaftung unserer Jagdfarmen. Die Diskussionen um „Wild vor Wald oder Wald vor Wild?“ sind doch ein beredtes Beispiel dafür.

„Es ist fast 50 Jahre her, seit wir uns auf der Messe in Dortmund wiedergesehen haben. Du arbeitetest damals als Schriftleiter bei der Redaktion von ‚Wild und Hund‘. Später drehten wir gemeinsam zwei Filme über Jagen in Namibia und meine Farm Schönfeld. Wie kam es, dass du mir schon in der Zeit zuvor zahlreiche Jagdgäste vermittelt hast?“, schließt mein Freund an unser Gespräch vom Vorabend an, und ich erläutere ihm mein Geschäftsmodell „Trophäenjagd“.

Normale Weidezäune sind lediglich 1,20 m hoch und werden von Kudus oder Elenantilopen problemlos übersprungen. Aus diesem Grund sind Rinderfarmen oft mit 2,40 m hohen Wildzäunen gegattert.

GERT G. VON HARLING

Zum Jagen vergattert

Ich hatte viele Jahre im Ausland verbracht, bevor ich in der Redaktion arbeitete, wo ich unter anderem für den Auslandssektor zuständig war. Ich hatte gute Verbindungen zu deutschen Jägern, die im Ausland jagten, sowie zu ausländischen Jagdverbänden.

Reiseveranstalter schalteten vermehrt verlockende Anzeigen in den Jagdzeitschriften, Kataloge boten Mode im Safari-Look und dazu passende Großwildbüchsen an, und immer mehr Jäger konnten sie sich leisten. Jagdreisen wurden immer beliebter, waren nicht mehr nur einem kleinen, elitären Kreis vorbehalten, sondern für viele Jäger bezahlbar. Das Geschäft mit Trophäenjagden boomte. Als ich mich vom Verlag trennte, sprang ich auf diesen Zug auf.

Damals gab es in der Bundesrepublik nicht viel mehr als 200.000 Jagdscheininhaber, heute sind es doppelt so viele. Waren es in meiner Jugendzeit vornehmlich Männer, die auf dem Lande wohnten oder dort aufgewachsen waren und engen Kontakt zur Natur hatten, machten immer mehr Städter, auch viel mehr Frauen, die Jagdprüfung und pachteten Reviere. Für das Image der Jagd war das nicht immer von Vorteil. Als ich jung war, kehrte ich nach der Jagd im „Dorfkrug" ein, dessen Wände vom Tabakrauch verfärbte Rehgehörne und Hirschgeweihe zierten, unterhielt mich mit den Dorfbewohnern, die regen Anteil an der Jagd nahmen, während meine Waffe unbeaufsichtigt auf dem Flur in der Garderobe hing. Diese Zeiten sind vorüber. Viele junge Bauern müssen aus wirtschaftlichen Zwängen ihre Jagden verpachten. Die Pächter kennt im Ort kaum jemand. Sie kommen aus der Großstadt, parken ihren Geländewagen weitab vom Dorf, auf einem verschwiegenen Waldweg, verbringen die Abende oder Nächte auf der Kanzel und fahren fort, ohne sich im Ort sehen zu lassen. Fallen Schüsse, macht man sich im Dorf Gedanken darüber, was „der aus der Stadt" wohl wieder alles totgeschossen hat.

Damals wurden Dorfbewohner in das jagdliche Geschehen eingegliedert, erfuhren, wenn etwas erlegt worden war. Heute nicht mehr. „Da muss was faul sein mit dem neuen Jagdpächter", wird dann im Gasthaus geraunt, und man begegnet den Jägern mit Misstrauen.

Als die Dorfbevölkerung eingebunden, die Jagd transparent war, gab es keine Skepsis gegenüber Jägern. Man redete mit-, nicht übereinander. Vertrauen statt Misstrauen, Offenheit statt reservierte Zurückhaltung, Verständnis statt Ideologie war die Devise. In meiner Jugendzeit war das Bild der deutschen Jägerschaft homogen. Für den echten Waidmann, der Ausdruck ist heute kaum noch geläufig, war das Waidwerk wichtiger Lebensinhalt, das unterscheidet ihn von vielen heutigen Jägern. Sie haben oft weder Zeit noch Interesse, ein Revier zu bewirtschaften. Die Jagd ist zu einem Hobby verkommen, mit dem Ausdruck „Hobby" tun wir klassischen

Viele deutsche Jäger reisten sogar mit mir bis nach Australien, um dort Wasserbüffel zu schießen.

Jäger uns ohnehin schwer, man holt sich intensive jagdliche Erlebnisse bei Einladungen oder Jagdreisen ins Ausland.

Waidwerk und Hege wichen dem „Statussymbol“ Jagd. Frauen drängten in die Bastion, Jagen wurde „chic“. Die Rahmenbedingungen änderten sich. Stadtjäger haben weniger Zeit für die Jagd, aber wollen mit allen Mitteln etwas erleben. Zum Teil verkommt Jagd zum Freizeitvergnügen, bei dem Technik jagdliches Können kompensiert, und immer mehr Menschen interessieren sich für die Auslandsjagd.

Zeit des Wechsels

Bei staatlichen Forstämtern nahmen übertriebenes Nutzungsdenken und Gewinnmaximierung durch Verkaufen teurer Abschüsse unter dem Deckmantel der Sozialpflichtigkeit und mit Unterstützung „neugrüner“ Strömungen skurrile Formen an, und private Forstverwaltungen entdeckten ebenfalls das „Geschäft Jagd“ als lukrative Einnahmequelle.

Erinnere dich einmal an die Heimatfilme, die in den 1960er-Jahren bei uns liefen. Der Förster vom Silberwald im gleichnamigen Film, Schwarm fast aller jungen Mädchen, verkörperte das Gute und galt als perfekt gekleideter Held in allen Lebenslagen.

Forstleute waren Hüter der Waidgerechtigkeit, des jagdlichen Brauchtums, oberste Heger, Garanten für einen funktionierenden Natur- und Tierschutz sowie Freunde der Tiere des Waldes. Das war einmal.

Die heutige Förstergeneration setzt sich für eine radikale Bekämpfung des Wildes ein. Was Schaden macht, schlägt, fegt, buddelt, frisst, schält, wühlt oder verbeißt, gilt als Feind des deutschen Waldes. (Rotwild-)Jagd aus Passion gilt als verpönt. Freude an der Jagd wird in vielen Forstverwaltungen durch Wildmanagement, eine Form der gefühllosen Bestandsregulierung, ersetzt.

Dazu kam der Wandel in der Landwirtschaft. Kleinbäuerliche Betriebe mit ihrer Dreifelderwirtschaft verschwanden, es entstanden riesige Monokulturen von Mais und Weizen, die für den Rückgang der Niederwildbesätze sorgten. Wer gute Niederwildstrecken erzielen wollte, musste dafür ins Ausland fahren.

Mein Geschäftsmodell war simpel. Ich hatte Erfahrung als Schriftleiter einer großen Jagdzeitschrift und ein großes Netzwerk von Jägern aller Couleur im Hintergrund.

Ich brauchte nur Anbieter von Jagdreisen und Interessierte von Abschüssen zusammenzubringen. Mein Konzept war: Werbung für Anbieter machen, ohne dass diese teure Anzeigen schalten mussten, und ein gewisses Klientel für deren Jagdreiseangebot zu begeistern. Jagdreviere, Jagdfarmen, Jagdanbieter, Jagdausstatter, die sich keine teure Werbung leisten konnten, machte ich durch stimmungsvolle, spannende Erlebnisberichte in Deutschland bekannt. Ich wusste ja, in welcher Form, wann, wie und wo Jagdzeitschriften Bedarf an Auslandsartikeln haben, brauchte nicht einmal andere Werbung für mich zu machen und bekam dafür sogar noch Honorar.

Meine Erfahrungen und Empfehlungen hatten nicht den Anschein eines kommerziellen Unternehmens, obwohl ich nie vergaß, am Ende des Artikels meine Kontaktdaten zu erwähnen. Ministerien, Farmen, Jagdverbände, Berufsjäger luden mich ein, um über sie in den Jagdzeitschriften zu berichten, ihren Bekanntheitsgrad zu steigern, und das Konzept ging auf.

Ich weckte mit meinen Berichten Träume, und da viele Jäger in Deutschland nicht ohne Begleiter jagen können, machte ich diese Träume mit ihnen gemeinsam wahr. Alle, die Anbieter, meine Gäste,

Auch die Organisation und Begleitung von Auerhahnjagden boomte, sei es mit dem Jagdreiseziel Skandinavien oder Russland.

die Zeitschriften, waren zufrieden, mein Name war auch in Österreich und in der Schweiz präsent.

Da traf es sich, dass eine Angel- und Jagdreisevermittlung in Hamburg einen Partner suchte, um ihr Jagdreisegeschäft weltweit auszubauen. Meine erste Reise für das Unternehmen führte nach Schweden. Die Regierung verkaufte Lizenzen für Biberabschüsse an Ausländer, ein Freund, der riesige Elchreviere in Nordschweden besitzt, sicherte mir ein Kontingent, und ich informierte mich vor Ort, um Verträge für den Abschuss von Elchen, Raufußhühnern und eben Bibern abzuschließen. Selbstverständlich jagte ich auch, veröffentlichte meine Erlebnisse darüber und bekam viele Anfragen von interessierten Lesern.

Auf der Autofähre nach Schweden hatte ich das Gefühl, sämtliche Skandinavier wären Alkoholiker und die deutschen Jäger eiferten ihnen nach. Kaum hatte der Dampfer abgelegt, schwankten sie orientierungslos über das Deck. Je weiter wir uns von Deutschland entfernten, desto mehr Betrunkene torkelten grölend über das Schiff. Schweden, Alkohol nicht so gewöhnt, und Deutsche, in Vorfreude auf bevorstehende Jagden völlig enthemmt, ließen mich mit pausenlosem „Ein Horrido, ein Horrido, ein Waidmannsheil"-Gegröle bis in die frühen Morgenstunden an der Kultur meiner zukünftigen Kunden zweifeln. Aber ich gesellte mich zu ihnen, wir erzählten und prosteten uns zu – Skål! Der Wunsch „Skål" beinhaltet eine hübsche Symbolik: „S" steht für das schwedische Sundhet (Gesundheit), „K" für Kärlek (Liebe), „O" für Ålder (langes Leben) und „L" für Lycka (Glück).

Auf dem Tisch standen große Becher, die immer wieder gefüllt wurden, und wir tranken auf Gesundheit, Liebe, ein langes Leben und Glück. Allein auf dieser Reise akquirierte ich über ein Dutzend Jäger, die mit mir im folgenden Jahr wieder nach Schweden fuhren, und lernte viel über die Mentalität deutscher Jäger, die ins Ausland reisen.

Dann wurde der Inhaber der Firma an einem einsamen Fjord in Schweden ermordet, und ich machte mich mit einem Freund selbstständig, unternahm Testjagden, begleitete Jäger nach Osteuropa, besichtigte Reviere, prüfte Jagdmöglichkeiten, inspizierte Unterkünfte, schloss mit Jagdverbänden und Kommunen Verträge über Abschüsse ab, jagte nach Herzenslust und veröffentlichte darüber zahlreiche Artikel und meine ersten Bücher.

Im russischen Bezirk Kirow hatte ich mir die Alleinrechte für Abschüsse von Braunbären, Auer- und Birkhähnen gesichert. Die Verhandlungen glichen einem dreitägigen Fest mit viel Essen, noch mehr Wodka und kaum Schlaf.

Da man um meine Sicherheit besorgt war, wurde ich rund um die Uhr von zwei Leibwächtern bewacht. Nachts lagen sie voll des Wodkas vor meiner Schlafzimmertür und schnarchten so laut, dass sie nicht merkten, wenn ich über ihre entsicherten Kalaschnikows zum Klo stolperte. Ich nahm die Sicherheitsmaßnahmen allerdings nicht wirklich ernst.

Als ich nach Deutschland zurückgekehrt war, schickte ich eine Bestätigung an unseren russischen Geschäftspartner. Er hat sie nie gelesen. Kurz nach meiner Abreise wurde er erschossen.
Drei Tage vor meinem nächsten Flug nach Sibirien klingelten zwei freundliche, Russisch sprechende Herren an meiner Haustür in Lüneburg. Ich führe doch oft nach Russland, das sei doch sehr gefährlich, ob ich keine Angst hätte, wurde ich gefragt, und ob ich wirklich keine Bedenken hätte. Es war klar, sie erwarteten Schutzgelder von mir.

Nachdem sich kurz danach die Frau meines russischen „Piloten" in Moskau angeblich aus dem Fenster gestürzt hatte – der Vorfall wurde in der Presse als sehr mysteriös dargestellt –, verzichtete ich lange auf Reisen nach Russland und konzentrierte mich auf Europa und Afrika.

Durch meine Artikel und Bücher hatte ich ja bereits einen gewissen Bekanntheitsgrad, Mund-zu-Mund-Propaganda tat ihr Übriges.

Nach Nordamerika und Kanada fuhr ich mit meinen Gästen in erster Linie, um einen Schwarzbären oder Wapiti zu erlegen.

Mit Kamera und Büchse

Ja, und dann beriet ich eine Filmgesellschaft, die Werbefilme für große Unternehmen konzipiert. Ich glaube, wir waren die Ersten, die Jagdvideos für Jagdveranstalter produzierten. Unsere ersten Filme drehten wir dann bei dir auf Schönfeld. Sie wurden ein großer Erfolg.

Es folgte eine ganze Serie „Mit Kamera und Büchse", unter anderem über Mufflonjagd in Tschechien, Bärenjagd in Russland, Antilopen- und Büffeljagd in Südafrika, Praxisratgeber wie Flinten- und Büchsenschießen. Als Letztes drehten wir den Film „Auf der Fährte des schwarzen Bären" am Peace River in der kanadischen Provinz British Columbia mit Horst Mindermann.

Eine kleine Auswahl an Filmen, an denen ich Anfang der 2000er-Jahre mitgearbeitet habe.

Der bekannte Naturfotograf Remo Engelbrecht in Action.

Auch Fotosafaris wurden immer beliebter, ob in der Serengeti (Geparden), Botswana (Löwen) oder Kanada (Schwarzbären).

Dritter Teil:

Jagen auf zwei Kontinenten

Es war spät geworden. Die Flammen hatten sich längst zur Ruhe gelegt. Auch wir waren müde. Wir hatten schweigend noch eine Viertelstunde in die Glut gestarrt und uns dann in unsere Schlafsäcke verzogen.

Und nun, nach einem weiteren, ereignisreichen Jagdtag, sitzen wir satt und zufrieden wieder an unserem Lagerfeuer, lehnen uns zurück, kauen Biltong und spülen es mit warmem Bier hinunter.

Das Gurren der Tauben ist längst vom Schnurren der Nachtschwalben abgelöst worden, aber noch ist es zu früh, um in die Schlafsäcke zu kriechen. Über uns der Sternenhimmel, um uns herum nichts als Natur und vor uns das knisternde Feuer. Der Freund legt einen dicken Ast auf die Glut, Hitze breitet sich aus, Helligkeit durchbricht das Dunkel, Flammen zucken hektisch durcheinander, Funken prasseln, flüchten wie ein Schwarm in alle vier Himmelsrichtungen davon, beflügeln unsere Gedanken, nehmen sie mit und lassen sie abermals in die Vergangenheit wandern.

Als weit entfernt, irgendwo in den Ausläufern des Okongue, ein Leopard grollt und Zebras bellen, beginnt mein Freund zu erzählen.

Jagd auf „wilde Pferde“

Als ich meinem Freund offenbare, dass ich noch nie ein Zebra geschossen habe, da ich dafür zu pferdeaffin sei, nimmt er die Gelegenheit wahr, mich über die Jagd auf diese Wildart aufzuklären.

Die Jagd auf Bergzebras ist für mich die spannendste, anspruchsvollste Jagd schlechthin. Auf Schönfeld gibt es mehrere hohe Berge, in denen viele Bergzebras leben. Auf meiner Farm existieren uralte Felszeichnungen mit Zebras. Sie waren mal sehr verbreitet, wurden dann aber gnadenlos verfolgt, weil auch sie als Äsungskonkurrenten für das Vieh angesehen wurden. Außerdem schmeckt Zebrafleisch, zumindest vom Bergzebra, sehr gut. Das Fleisch des Flächenzebras ist nicht so beliebt, riecht nicht gut und ist ziemlich feist. Das Bergzebra findet man hingegen in vielen Restaurants auf der Speisekarte. In meiner Jugend gab es Zebras bei uns nur als Wechselwild. Sie kamen, wenn es im Erongogebirge nicht mehr genug Äsung gab. Dann war unsere Gegend eines der letzten Rückzugsgebiete. Mein Vater hat 1970, als die Farm noch nicht als Gästefarm registriert war, Flächenzebras für 30 Rand, das entsprach einem Gegenwert von kaum drei Euro, vom Staat gekauft. Es herrschte damals eine so große Dürre, dass die Tiere im Etosha-Nationalpark reihenweise verendeten.

Die ersten deutschen Jäger, die nach Namibia kamen, hatten allerdings wenig Ambitionen, Zebras zu jagen, schon gar nicht, wenn ein Familienmitglied ritt, und es gab viele Familien, in denen geritten wurde. Es sind Pferde, und es war schlicht ein Tabu, sie zu schießen. Das änderte sich mit den Jägern, die eine besondere körperliche Herausforderung reizte, denn Zebrajagd ist, wie gesagt, eine der anspruchsvollsten Jagden bei uns.

Ich habe Hunderte geschossen, habe mir dabei meinen Rücken kaputtgemacht und kann heute kein Zebra mehr den Berg runterschleppen. Früher sind wir oft in das Erongogebirge oder zu den der Wüste Namib vorgelagerten Bergen bei Usakos unweit von Karibib gefahren und kletterten frühmorgens in die Felsen. Hatten wir nach irrsinnig anstrengender Pirsch ein Bergzebra erlegt, wurde es direkt im Berg aus der Decke geschlagen und zerwirkt. Anschließend mussten wir das Fleisch viele Kilometer ins Tal tragen und dann bis zum Auto schleppen. Meistens waren wir zu viert, ein Fährtenleser, ein Jagdführer, ein Träger und eben der Jäger. Der trug die Decke, ein anderer die Keulen und den halben Rücken. Die Beckenhöhle wurde mit einer Machete aufgeschlagen und über den Kopf des Trägers gestülpt. Die Sehnen von den Keulen wurden als Handgriffe genutzt, das sind dann immerhin über 80 Kilogramm. Wiegt man selbst nur 80 Kilogramm, trägt man fast sein eigenes Körpergewicht auf der Wirbelsäule und balanciert viele Kilometer über Geröllhalden steil bergab und bergauf, man konnte ja selten den direkten Weg nehmen, bis man endlich den Wagen

Die Bergung des Wildes in unwegsamem Gelände ist oft fordernder als die Jagd selbst.

Steppenzebras unterscheiden sich von anderen Zebraarten durch die Schattenstreifen auf ihrer Decke.

unten im Tal sah, klein wie ein Matchbox-Auto. An diese Jagden erinnere ich mich trotz allergrößter Strapazen besonders gerne.

Zebras sind nicht besonders schusshart, gehen schnell ins Wundbett, Nachsuchen sind meistens nicht so anstrengend. Frage ich erfahrene Jäger, welches für sie die eindrucksvollsten Jagden waren, waren es meistens die auf Bergzebras. Sie können unmenschlich hart sein.

Nie in meinem Leben habe ich solchen Durst verspürt wie auf der Zebrajagd. Man kann nur sehr beschränkt Wasservorräte mitschleppen. Und es ist meistens brütend heiß, doch ich hatte wunderschöne Erlebnisse hoch in den Bergen.

Die Zebrajagd, die früher verpönt war, ist heute sehr beliebt. Gäste, die nie ein Zebra erlegen wollten, haben sich später umentschieden. Offensichtlich hängt das auch mit der Mode zusammen. Viele Jäger wünschen sich für die Dekoration ihres Zimmers eine Zebradecke.

Vier Schüsse und ein Leopard

Wenn ich oben in den Klippen auf Zebras jagte, beobachtete ich oft Leoparden. Sie ruhten auf einem Felsen oder jagten Klippschliefer. Ich habe sie bis auf Schussdistanz angepirscht. Leoparden sind durch ihre Tarnfärbung schwer auszumachen. Oft werden sie aber durch das laute Geschrei der Affen verraten. Hörte ich das Gebell und konnte die Affen ausfindig machen, brauchte ich sie nur zu beobachten, und wenn die gesamte Affenbande dann starr auf einen Fleck starrte, entdeckte ich nach einigem Spekulieren oft einen Leoparden. Ich habe so in manchen Jahren vier, fünf oder mehr geschossen. Damals gab es keine begrenzenden Lizenzen, und ich kam nicht selten mit einem Zebra und einem Leoparden ins Tal zurück. Den Kern des Leoparden ließ ich für die Geier und Adler in den Bergen zurück, nahm nur die Decke mit.

Ich erinnere eine bemerkenswerte Jagd auf unserem Leopardenberg mit einem südafrikanischen Gast, der einen Kudu schießen wollte.

Südafrikaner kommen selten nach Namibia. Dieser Mann wollte aber unbedingt einen starken Kudubullen und einen Leoparden erlegen und hatte nur eine knappe Woche Zeit. Das mit dem Leoparden hatte ich nicht ganz ernst genommen, denn ich plane für solche Jagden immer weitaus mehr Zeit ein. Trotzdem hatte ich ein Permit für ihn besorgt.

Wir pirschten durch eine tiefe Schlucht am Fuße des Okongwe zum nächsten Tal. Der Aufstieg über Geröll- und Steinwüsten war mühsam. Als wir uns den Hang hinaufquälten, schrie plötzlich gut 400 Meter links von uns eine Affenherde. Ich vermutete, sie störten sich an uns, aber es war ein besonderes, heiseres Gekreisch der männlichen Affen, sodass ich stutzig wurde und überlegte, warum die Tiere wohl so aggressiv waren.

Durch das Fernglas sah ich, dass sie nicht zu uns, sondern gebannt in eine andere Richtung äugten, und als ich die Umgebung intensiv absuchte, erblickte ich einen starken Leopardenkuder, der sich vorsichtig von der Herde entfernte und auf uns zuschlich. Wir krochen hinter einen großen Granitblock und legten uns flach auf die

Weil sie mitunter erhebliche Schäden anrichten, sind Bärenpaviane bei den Farmern nicht beliebt. Raubwild gegenüber sind sie wehrhaft, der Mensch braucht sie aber nicht zu fürchten.

Der Leopardenberg (Okongue), Wahrzeichen von Schönfeld und Umgebung.

Erde. Es war 16 Uhr, der Hang lag bereits im Schatten. Der Leopard bewegte sich im Halbschatten, aber Affen können sehr gut äugen, und sie schimpften weiter. Der Kuder kam näher, und der Schütze richtete sich bereits für einen Schuss ein. Er hatte eine ideale Auflage auf einem Felsen, konnte beide Ellenbogen abstützen, der Kuder sicherte ständig nach hinten zu den Affen. Als er knapp über 100 Meter entfernt war, tat er sich auf einem Felsvorsprung nieder und war im Schatten des großen Granitbrockens schwer auszumachen. Nur sein Kopf war sonnenbeschienen. Ein wunderschönes, unvergessliches Bild. Wie ein Denkmal lag er dort, lediglich der Schwanz zuckte ab und an. Wahrscheinlich hielt er nach Klippschliefern Ausschau, seine Hauptnahrung. Er benötigt täglich mindestens drei, um zu überleben.

Der Jagdgast wurde immer nervöser. Er führte eine .30.06 mit einem starken Zielfernrohr, die Waffe hatten wir vorher selbstverständlich eingeschossen, ich hatte den Eindruck, er sei ein guter Schütze, aber ich hatte Mühe, ihn zu beruhigen. Als er sich endlich in der Gewalt hatte, krümmte sich ganz langsam der Zeigefinger um den Abzug. Der Schuss donnerte, der Leopard

Jagd von einer Felsenkuppe aus – typische Jagdausübung in der Baum- und Strauchsavanne.

sprang auf, verhoffte und sicherte unruhig in alle Richtungen. Das Echo hallte in verschiedenen Lautstärken wider, weil die Hänge ja unterschiedlich weit entfernt und wir an drei Seiten von steilen Bergen umgeben waren. In so einem Kessel ist es schwierig, einen Schuss zu orten, weil der Knall von allen drei Seiten zurückgeworfen wird. Ich hatte durchs Glas gesehen, dass der Kuder unterschossen worden war. Der helle Kugeleinschlag war auf dem dunklen Granit gut zu erkennen. Die Affen waren zwischenzeitlich verstummt. Während er vorher geruht hatte, stand der Leopard nun und bot ein wunderbares, noch einfacheres Ziel. Er hatte nicht erkannt, was ihn bedroht hatte. Der nächste Schuss brach. Wieder vorbei. Der Leopard drehte sich und starrte zu den Affen, die sich schimpfend, aber nicht mehr so aggressiv zurückzogen. Sie hatten uns eräugt und realisiert, dass die Gefahr nicht von der großen Katze, sondern von den Menschen ausging.

Der Leopard verhoffte scheibenbreit. Mein Gast repetierte, versuchte seine Nervosität zu unterdrücken, und schoss ein drittes Mal. Trotz der guten Auflage ging auch der dritte Schuss fehl. Den zweiten Kugeleinschlag hatte ich nicht gesehen, der dritte war deutlich zu hoch. Über dem Leoparden zerbrachen Steine. Einige Splitter hatten ihn wahrscheinlich getroffen, denn er machte einen kurzen Ausfall und versuchte eine steile Felswand hinaufzuklettern. Wieder bot er ein fantastisches Ziel. Wenn die Kugel zu hoch ginge, würde der Hals getroffen, wenn sie zu tief sitzen würde, würde er auch getroffen. Der Schuss fiel, ich sah das Geschoss oberhalb im Granit aufstäuben, der Leopard rutschte herunter, ließ sich fallen und verschwand zwischen den Klippen.

Am Anschuss fanden wir winzige Schweißspritzer. Da ich die Einschüsse beobachtet hatte, war ich sicher, dass er durch kleine, abgeschossene Felsstücke getroffen, aber nicht ernsthaft verletzt war.

Das war eine bittere Erfahrung. Einen Leoparden am helllichten Tag – normalerweise werden sie ja in der Dämmerung oder nachts aus dem Schirm geschossen – unter besten Bedingungen viermal zu fehlen ist sehr frustrierend, mein Gast war todunglücklich, aber die Chance war vertan.

Für die Trophäenjagd in Namibia sind nur Kuder über 50 Kilogramm begrenzt frei. Die Quote wird von der namibischen Naturschutzbehörde gemeinsam mit dem WWF festgelegt.

Der Selbstmörder

Dass dein Gast frustriert war, kann ich sehr gut nachvollziehen, weil mir persönlich Ähnliches widerfahren ist, allerdings mit einem alten Rehbock. Das erste Mal sah ich ihn Mitte Mai. Auffallend waren seine krummen, ungleich langen, dünnen Spieße. Noch bevor ich das Gewehr von der Schulter genommen hatte, verschwand er. Eine Woche später, ich musste mir von meinem Bruder dessen Gewehr erbitten, pirschte ich wieder zu der Stelle. Der Bock äste vertraut im Brombeergestrüpp am Wegesrand. Ich strich an einer schwankenden Kiefer an, hatte ihn sofort im Absehen, und im Knall meines Schusses sprang er ab in die Schonung. Über eine Minute lang klang von dort ununterbrochenes Schrecken. Am Anschuss war nichts zu entdecken, was auf einen Treffer hätte schließen lassen.

Da die Zeit nicht reichte, um meine eigene Waffe zu holen, führte ich am nächsten Morgen wieder die meines Bruders. An derselben Stelle wie am Vortag, es war bereits hell, stand frei und breit der Bock. Fast routinemäßig ging ich in Anschlag, zielte, drückte ab, und wieder sprang der Bock schreckend ab. Am Anschuss keine Pirschzeichen, mein Hund machte denselben gelangweilten Eindruck wie am Vorabend.

An den Fehlschlüssen trug allein ich die Schuld. In der Sandkuhle trafen drei Probeschüsse in gewohnter Genauigkeit in die Mitte des Pappkartons.

Am folgenden Wochenende kauerte ich in der Frühe im Altholz hinter einem Kiefernstamm auf dem moosbedeckten Waldboden und genoss Geräusche und Gerüche der weichenden Nacht. Als sich der erste Tagesschimmer behutsam durch den Hochwald tastete, erschien gut 70 Gänge vor mir der Bock. Ich musste mich erheben, da ich aus der sitzenden Position nicht schießen konnte, er reagierte mit kurzem Schrecken und einer hohen Flucht in das lichte Gestrüpp. Schnell ahmte ich ein schreckendes Reh nach, er verhoffte schlagartig – und war nach meinem Schuss in wenigen federnden Sätzen laut schreckend verschwunden. Während mein Hund teilnahmslos beobachtete, wie ich den vermeintlichen Anschuss untersuchte, kam ich zu der Gewissheit, dass dem Alten wiederum kein Haar gekrümmt worden war.

Eine Woche später die nächste Begegnung. Weniger als 100 Gänge entfernt stand er am Wegesrand, warf auf, als ich geschossen hatte, zog über den Weg und verschwand, während ich die nächste Patrone in die Kammer repetierte. Ich war weder unvorbereitet noch vom Jagdfieber gebeutelt, konnte in der Schießgabel auflegen, war ruhig abgekommen, und kein Grashalm oder Zweig hatte die Flugbahn des Geschosses behindert, doch kein Zweifel: Ich hatte ein viertes Mal gefehlt. Meine gefestigte Meinung über die eigenen Schießfertigkeiten geriet ins Wanken.

Dann bat mich mein Bruder, einen Jagdgast auf einen Bock zu Schuss zu bringen, und ich saß mit dem Mann nicht weit vom Einstand des „Kugelfesten", so hatte ich den alten Spießer getauft, am Rand der Bruchwiesen auf einem Hochsitz. Der Gast hatte sich zufrieden zurückgelehnt, ergriff seine Büchse, stach sie ein und legte sie behutsam wieder auf die Brüstung. Ich beobachtete es mit Grauen, aber er betonte, ihm sei mehrmals Wild abgesprungen, als es das feine Geräusch des Einstechens vernommen hatte.

Die sinkende Sonne verzauberte den Waldrand mit einer unwirklichen Beleuchtung, da trat knapp 100 Gänge entfernt der Kugelfeste aus. Ein kurzer Blick zu meinem Nachbarn, Kopfnicken, und er beugte sich vor, um nach der Büchse zu greifen. Da löste sich ein Schuss. Erschreckt zuckte ich zusammen, der Knall erschien, da völlig unerwartet, viel lauter als normal. Meine Ohren dröhnten. Der Gast reagierte ebenfalls nervös, im Gegensatz zum Bock, der weiteräste, als habe er nichts vernommen.

Nach vorsichtigem Repetieren ging mein Nebenmann in Anschlag, der zweite Schuss an diesem Abend fiel, und ich sah einen Meter hinter dem Reh Erde aufspritzen. „Zu hoch", murmelte ich. Der Schütze repetierte wie in Trance, während der Bock gemächlich zum Waldrand wechselte und verschwand.

Es war vielleicht eine halbe Stunde vergangen, da leuchtete es von dort, wo er verschwunden war, rot auf. Der Ersehnte fegte an einem Erlenbusch und zog dann in unsere Richtung. Auf etwa 60 Gänge erhielt er schließlich die tödliche Kugel. Er war keineswegs kugelfest, sondern brach im Knall zusammen, lag wahrhaftig im frischen Gras vor uns.

Sein Gehörn war zwar nicht stark, doch für mich sehr erinnerungsträchtig, auch wenn ich ihn nicht erlegt hatte.

Auf dem Rückweg trafen wir auf unseren Haumeister, der neugierig nach den vier Schüssen forschte, und ich erzählte, wie der Kugelfeste erlegt worden war. „Nee, nee", lautete der trockene Kommentar des Waldarbeiters, „der war nicht kugelfest, das war ein Selbstmörder."

Und aus der Brunftzeit kann ich eine weitere Geschichte beitragen.

In Begleitung unseres Wildmeisters beschoss ein Jagdgast vom Dreieckshochsitz im letzten Büchsenlicht einen Rothirsch, der in der angrenzenden Dickung verschwand. Da es fast finster war, wurde für den nächsten Morgen eine Kontrollsuche vereinbart. Große Hoffnung auf Erfolg hatte wohl keiner der Beteiligten, als wir am Anschuss lediglich die starken Eingriffe des geflüchteten Hirsches fanden. Hexe, die rabiate Jagdterrierhündin, beobachtete uns, wie wir auf dem Boden herumkrochen, Blätter umdrehten und behutsam Halme untersuchten.

Während der Wildmeister mit einem weißen Taschentuch über die Anschussstelle wischte, den Waldboden wie Sherlock Holmes mit einer Lupe begutachtete, verwies Hexe, als ich einige Meter in die lichte Dickung gekrochen war, den Splitter eines Röhrenknochens, und ich schnallte sie.

Die Hündin verschwand. Wir saßen auf dem nassen Erdboden und warteten.

Bald erklang Hetzlaut, wurde schwächer und verlor sich in weiter Ferne. Nach einer Stunde vernahmen wir schwach den Laut des Hundes noch einmal aus einer anderen Richtung.

Gegen Mittag sahen wir die Aussichtslosigkeit des Wartens ein und gingen nach Hause. Das Zurücklassen eines Kleidungsstückes war nicht nötig, Hexe würde den Weg zum Gut problemlos finden.

So war es auch. Nachmittags erschien sie, begrüßte uns freudig und legte sich, völlig gegen ihre sonstige Art, schlafen. Sie hatte offenbar ungewöhnliche körperliche Strapazen hinter sich. Bestand die kleinste Chance, jagdlich etwas zu verpassen, war sie nämlich sonst stets „auf dem Sprung".

Am gleichen Abend meinte unser Wildmeister, die Stimme des beschossenen Hirsches wieder am Dreieckshochsitz gehört zu haben. Da der Wind günstig stand, beschloss er, mit dem Jagdgast sein Glück dort noch einmal zu versuchen. Am späten Nachmittag erschien Kahlwild, und plötzlich stand der alte Hirsch auf der Blöße. Obwohl er eine frische und vor allem starke Verletzung hatte, der rechte Vorderlauf schlenkerte kraftlos herab, brachte er einen Spießer auf Trab.

Wiederum wurde er vom selben Hochsitz und vom selben Gast beschossen, diesmal gefehlt. Wir fanden beim Kontrollieren des Anschusses die Kugel im Sandboden.

Am nächsten Morgen hörten wir den Hirsch erneut am Dreieckshochsitz brunften. Da der Wind nicht passte, zogen der Wildmeister und der Jagdgast erst am folgenden Abend dorthin, und der Gast beschoss ihn ein drittes Mal. Trotz eines guten Schusses fand Hexe ihn erst am nächsten Morgen gut 300 Meter vom Anschuss entfernt im hohen Farnkraut.

Fast immer hatte ich das Nachsehen bei dem „Selbstmörder“, dem alten Bock, dem ich wochenlang erfolglos nachstellte und der schließlich von einem Jagdgast erlegt wurde.

Hugo, die Handtasche

„Auch wenn man einem Tier als unbewaffneter Nichtjäger begegnet, kann man sein blaues Wunder erleben", sprach Hartwig mit einem Lächeln auf den Lippen. Ich hatte da mal eine fast schon skurrile, wenn auch nicht ganz ungefährliche Begegnung. Als ich mit einem Zahnarzt aus Deutschland im Veld unterwegs war, machte mein Gast mich erschrocken auf einen Strauß aufmerksam, der einen feuerroten Schnabel und ebensolche Beine hatte. Hähne teilen sich das Brutgeschäft mit ihren Hennen, wahrscheinlich saß die Henne auf dem Gelege, und ihr Galan bewachte das Nest. In Riesenschritten kam er auf uns zu. Es konnte also ungemütlich werden, weil wir in sein Brutgebiet eingedrungen waren. Strauße verteidigen ihr Territorium erbittert und können dem Menschen lebensgefährliche Wunden schlagen. Ich hatte meine Mütze auf den Gewehrlauf gestülpt, es sollte aussehen wie der Kopf eines Straußes, aber für den Vogel größer wirken, damit er vorsichtiger wird, doch er kam näher, fauchte furchterregend, breitete seine Flügel aus, um ebenfalls größer, gefährlicher und drohender zu erscheinen. Ich rief meinem Gast zu, sich hinter einem Busch zu verbergen. Da legte der Strauß seinen Kopf nach hinten, und ich bekam von seinem Bein einen schmerzhaften Hieb in meinen Bauch. Ich hatte, als ich realisierte, dass er mich annahm, die Waffe von der Schulter genommen und schlug dem Vogel den Kolben mit aller Kraft vor die Brust. Nun kann ein Strauß ja nicht fliegen, benutzt seine Flügel nur zum Imponieren oder als Fächer, um sich abzukühlen, und hat kaum Brustmuskeln wie Hühner, Enten oder Gänse. Ich bekam noch einen Schlag und schlug zurück. Aus dem Busch drang die verzweifelte Stimme meines Gastes: „Soll ich schießen, soll ich schießen?", aber natürlich gab ich den Hahn nicht frei, weil er ja für den Nachwuchs sorgen musste, der nach seinem Tod elendig verendet wäre. Irgendwann wird er wohl aufgeben, hoffte ich und schlug mit aller Macht noch mal auf ihn ein. Die Schmerzen seiner Tritte spürte ich kaum, weil ich voller Adrenalin war. Meine Weste, deren Reißverschluss bis oben geschlossen war, minderte die Schläge auf meinen Brustkorb etwas. Plötzlich hielt ich voller Entsetzen zwei Teile meines Gewehres in der Hand. Der Schaft war gebrochen, das System nur noch durch den Riemen mit dem Hinterschaft verbunden. Im gleichen Augenblick fiel ich zu Boden. Im Nu war der Strauß über mir, aber offenbar sah er mich nicht. Ich registrierte riesige Krallen und Beine, kroch zwischen ihnen durch, entdeckte einen Busch, sprang auf und raste wie ein Verrückter dorthin. Der Strauß preschte hinterher, und wir spielten „Hasch mich" um diesen Busch herum. Da der Vogel seine Stummelflügel ausgebreitet hatte, konnte er nicht so nah an dem Gestrüpp entlanglaufen wie ich. Zwischendurch schrie mein Gast erneut: „Soll ich schießen, soll

ich schießen?“ Ich forderte ihn auf, aus seiner Deckung zu kriechen, sodass der Strauß ihn statt meiner verfolgt, denn ich war total erschöpft. Gesagt, getan. Der Gast kam, der Strauß ließ von mir ab und verfolgte nun ihn um den Busch herum. Ich nahm meine Beine in die Hand und stürmte zum Auto. Dass ich Hilfe holen wollte, gefiel dem Vogel aber nicht, er verfolgte mich und war mir dicht auf den Fersen. Das Spielchen ging von vorn los, nur rund um einen anderen Strauch. Ich rief den Gast erneut herbei, und dann war er es wieder, der gejagt wurde.

Endlich hatte ich den Toyota erreicht und fuhr durch das dichte Gestrüpp zurück. Die beiden rasten immer noch im Kreis um den Busch. Ich fuhr nahe heran, der Gast kauerte auf dem Boden, wo der Strauß ihn nicht erreichen konnte, ich fuhr, die Autotür geöffnet, noch näher, und der Gast sprang in den Wagen.

Nun nahm der Strauß das Auto an. Es klirrte und krachte ohrenbetäubend. Mit jedem Schnabelhieb erhielt der Wagen eine weitere Beule. Ich legte den Rückwärtsgang ein, um auf meiner Spur zurück auf den Weg zu gelangen, doch da griff der

Typisch für Straußenhähne, wenn sie sich an der Brut beteiligen, sind die rot gefärbten Beine sowie der rote Hals und der rote Schnabelansatz.

rasende Vogel das Auto von vorn an. Kühler, Lampen, Grill, alles wurde bearbeitet und zerstört. Als ich endlich schneller fahren konnte, drängte ich den Angreifer zur Seite, doch er verfolgte uns weiter, bis wir auf den festen Weg kamen und ich Vollgas geben konnte. Bei knapp 70 km/h, so schnell bin ich auf diesem Weg noch nie gefahren, konnte der Strauß nicht mithalten, und wir schüttelten ihn ab.

Beim nächsten Tor stoppte ich und betrachtete die Schäden am Auto. Sie waren genauso schwer wie die, die der Vogel mir zugefügt hatte. Sämtliche Taschen meiner Weste waren abgerissen, und ich hatte überall Schmerzen. Ich knüpfte mein zerrissenes Hemd auf, meine Brust und mein Bauch waren übersät mit Hämatomen, blau angelaufen, die Haut war abgeschürft, um es kurz zu machen: Ich war mehr als übel zugerichtet. Mein Auto war ebenfalls fast bis zur Unkenntlichkeit verunstaltet. Die Rücklichter hingen an den Kabeln herunter, die Heckklappe der Ladefläche war völlig verbeult, keine zehn Zentimeter, die nicht entstellt waren.

Später rief ich die Versicherung an und berichtete von dem enormen Schaden, erzählte auch ehrlicherweise, dass ich einen Kampf mit einem Strauß gehabt hätte und nicht nur das Auto bis zur Unkenntlichkeit verbeult worden, sondern auch mein Gewehr zerbrochen wäre. Zu meinem Versicherungsagenten hatte ich einen guten Kontakt, aber nach meinen Schilderungen war er doch skeptisch und gab den Fall an die Zentrale weiter. Von dort kam am nächsten Tag ein leitender Angestellter, um sich das Malheur mit eigenen Augen zu besehen. Als er das Auto sah, verschlug es ihm fast die Sprache. Und als ich dann mein Hemd öffnete, mein Körper war dunkelblau, lila, an manchen Stellen schwarz angelaufen, meinte er, es würde sich wohl kein Mensch selbst so verstümmeln, um ein paar Rand für ein neues Auto zu bekommen. Wenige Wochen später hatte ich das Geld auf meinem Konto.

Der Hahn wurde später von einer Jägerin aus Münster erlegt. Als sie auf die Farm kam und den Wunsch, auf einen Strauß zu jagen, äußerte, wusste ich sofort, welchen Strauß ich ihr freigeben würde: den, der mich so zugerichtet hatte. Er hielt sich immer noch in dem Gebiet auf. Wir hatten ihn Hugo getauft, und sein Nachwuchs war längst nicht mehr auf die Elternvögel angewiesen.

Durch dieses Gebiet pirschten wir also hindurch, und schon bald eräugte uns Hugo. Er schien ziemlich irritiert, wahrscheinlich weil wir zu dritt waren, und verhoffte rund 60 Gänge entfernt. Er war nicht mehr so aggressiv, hatte ja das Brutgeschäft längst beendet, hatte weder einen roten Schnabel noch rote Beine, trat unschlüssig von einem auf das andere, kam aber unaufhaltsam näher.

Leise raunte ich meiner Begleiterin zu, sie möge schießen. Die Dame kam aber mit dem Dreibein, das ich zur Auflage ihres Gewehres vor sie gestellt hatte, nicht klar. Glücklicherweise stand in der Nähe eine junge Akazie. Aus der Rinde tropfte etwas Baumharz. Die Frau wischte mit der Hand darüber und strich dann mit dem Vorderschaft am Stamm an. Durch den Harz angelockt, krochen zahlreiche Ameisen über ihre Hände und Arme, aber sie riss sich zusammen und fragte tapfer, wo sie denn hinschießen solle. Leise riet ich, unter den Stingelansatz, mitten auf den Stich, zu halten, damit die kostbare Haut durch das Geschoss nicht zu sehr zerstört wird. Sie zielte und zielte. Mir kam es wie eine Ewigkeit vor, 50 Meter sind ja beileibe keine große Entfernung für einen Schuss auf einen über 100 Kilogramm schweren Straußenhahn. Endlich fiel der Schuss, und der Strauß brach zusammen, schlegelte aber noch. Ich rannte sofort vor, weil ich befürchtete, die Haut würde Schaden nehmen. Als ich bei dem Tier ankam, stellte ich fest: Der Strauß hatte einen Kopfschuss. Fast ein Ding der Unmöglichkeit, denn ein Straußenkopf geht wie ein Pendel von links nach

rechts, von rechts nach links und steht niemals still. Nun wusste ich, warum es so lange gedauert hatte, bis der Schuss raus war. Meine Begleiterin hatte die Kopfbewegungen mit der Laufmündung nachvollzogen, bis sie im gleichen Rhythmus war, und dann geschossen.

Wir fuhren schnell mit unserer Beute nach Hause, weil sich die Federn leichter herausziehen lassen, wenn der Wildkörper noch warm ist. Anschließend wurde der Strauß abgezogen.

Ein Jahr später, auf der Messe in Deutschland, kam die Dame mit ihrer Familie zu meinem Stand. An ihrem Arm baumelte die neue Tasche aus Straußenleder.

Es war jetzt nicht mehr Hugo, der Hahn, sondern Hugo, die Handtasche.

Straußeneier sind bei Schakalen und Pavianen begehrt, und junge Strauße sind verhältnismäßig wehrlos. Die Krallen der erwachsenen Vögel sind allerdings gefährliche Kampfwaffen. Die Tritte sind selbst für Löwen, die zu den natürlichen Feinden der großen Laufvögel gehören, lebensgefährlich.

Einfacher ging's schließlich kaum

Hugo, der jegliche Scheu vor Menschen verloren hatte, erinnert mich an einen Rehbock, der auch keine Scheu zeigte, allerdings machte er bei mir eine Ausnahme, ich bekam ihn nur zwei- oder dreimal zu Gesicht.

Ein Samstag im Juli. Die Böcke waren heimlich, es herrschte Ruhe vor der Brunft. Unbekümmert wanderten meine Frau, meine Schwägerin, mein Bruder und ich in angeregter Unterhaltung die Margaretenbahn entlang. Als wir am Ende auf die Bruchwiesen einbogen, äste am Waldrand ein Rehbock, sicherte zu uns herüber und äste vertraut weiter. Krank, so benimmt sich kein normales Reh, diagnostizierte mein Bruder, nachdem wir uns minutenlang gegenübergestanden hatten und der Bock, als seien wir gar nicht da, gemächlich in den Hochwald wechselte.

Er war gewiss kein Jüngling mehr. Die Decke wirkte fahlgelb, der Abstand zwischen Windfang und Blatt schien viel größer als der vom Blatt zum Spiegel, wie beim überalterten Hirsch. Der Grind leuchtete schneeweiß unter zwei eng nebeneinanderstehenden Stangen.

Schon zwei Tage später pirschte ich daher wieder die Margaretenbahn entlang und erstarrte zu der sprichwörtlichen Salzsäule, als ich, um die Waldkante biegend, den Bock erblickte. Im Zeitlupentempo ging ich, als er den Spiegel zeigte, in die Hocke und lag schließlich platt auf dem feuchten Weg. Der Wind stand günstig. Der Rain zwischen Weg und Wiese gab perfekte Deckung, allerdings sah ich den Bock aus meiner Position nicht mehr.

Wie ein Reptil kroch ich den Weg entlang und erreichte nach etwa 50 Metern eine Erle. So trennten mich höchstens noch 80 Gänge von dem vermeintlich Alten. Ich legte mich wieder flach auf den Erdboden, erholte mich von der körperlichen Anstrengung und wischte mit klopfendem Herzen die Linsen des Zielfernrohrs blank. Als sich mein Puls beruhigt hatte, hob ich den Kopf, kniete mich schließlich behutsam hin, lugte durch das hohe Gras, doch weit und breit war kein Reh zu sehen. Resigniert setzte ich mich an den Fuß des Baumes und wartete, bis das Büchsenlicht geschwunden war. Einige Rehe traten aus, ein Jährling äste wenige Meter entfernt, doch mein Bock ließ sich nicht blicken.

Unsere Waldarbeiter hätten ihn am Vortag auf etwa zehn Meter am helllichten Tage gesehen, wurde mir, als ich nach Hause kam, berichtet.

Am nächsten Morgen versuchte ich mein Glück erneut. Der Wind hatte gedreht. Ich pirschte daher durch den Bestand. Als ich zwischen den hohen, noch schwarz erscheinenden Fichtenstämmen die im feuchten Dunst liegende Wiese schimmern sah, ästen dort mehrere Rehe.

Im Osten wurde es über der schwarzen Kulisse des Hochwaldes lichter, die Helligkeit vermischte sich mit der vergehenden Nacht zu grauer Dämmerung, da äugte ein Stück starr in meine Richtung, zog nach links, dann nach rechts, während ich bewegungslos hinter einer Fichte verharrte. Nach meinem Ermessen konnte mich im Lichtschutz des dunklen Hochwaldes das Wild von der Wiese aus nicht bemerken, zumal der Wind ins Gesicht zog. Endlich senkte das Stück den Kopf wieder ins feuchte Grün. Behutsam nahm ich das Glas vor die Augen. Das war zu viel. Schreckend sprang es ab, schien im Morgendunst zu zerfließen. Ich erkannte noch, dass es „mein" Bock gewesen war, der mich an der Nase herumgeführt hatte. Ich war wie ein unbedarfter Jungjäger auf sein Scheinäsen hereingefallen. Die Sonnenstrahlen begannen die taunassen Wiesen in gleißendes Licht zu tauchen, und die anderen Rehe, die sich durch das Schrecken nicht stören ließen, ästen unbeirrt weiter.

Bis in die Vormittagsstunden harrte ich am Fuß einer Kiefer aus und beobachtete den Jährling, der auch an diesem Morgen wieder aufgetaucht war. Er warf immer wieder auf, sicherte zum Waldrand und zog unstet hin und her. Offensichtlich lebte er in Furcht vor dem Platzbock. Der aber erschien nicht, und ich gab schließlich auf.

Auf dem Rückweg kam ich bei den Waldarbeitern vorbei und berichtete von meinen Pirschgängen. Den Bock, bei dem die Stangen so dicht zusammengewachsen sind, ja, den würden sie kennen. Der sei ganz zahm. Den würden sie jeden Tag sehen, und der sei doch ziemlich dumm und würde nie vor ihnen weglaufen. Dass ich den schießen wolle und nicht bekäme ..., musste ich mir anhören, bevor ich beschämt weiterging.

Am folgenden Tag – es war brütend heiß – baute ich an der Erle einen Schirm. Einige Pfähle hatte ich bereits in die Erde geschlagen und schleppte Fichtenzweige zur Verblendung herbei. Ganz vertieft war ich in mein Werk, und als ich, um zu verschnaufen, einhielt und mich umblickte, äste gut 50 Gänge entfernt mein Bock, nahm überhaupt keine Notiz von mir. Ich verhielt mich einige Schrecksekunden mucksmäuschenstill und schlich dann geduckt zu der Erle, an der meine Büchse lehnte. Das hielt der Bock nicht aus, er trollte in den Wald.

Unzählige Abende und Morgen verbrachte ich in dem Schirm, beobachtete viel Rehwild – meinen Bock sah ich nur einmal im allerletzten Licht.

Es war wieder ein Samstag, als ich mit zwei Freunden schwatzend am hellen Nachmittag an den Bruchwiesen entlangschlenderte. Meine Büchse hatte ich auf der Schulter, rechnete aber nicht damit, Wild zu begegnen.

Als wir uns dem Schirm näherten, stand ein Reh auf der Wiese, ohne Notiz von uns zu nehmen. Auf gut 40 Schritt erkannte ich, dass es der Alte mit den eng zusammenstehenden Stangen war, nahm ungläubig das Fernglas hoch, obwohl ich ihn mit bloßem Auge angesprochen hatte, und vertauschte dann hastig Glas mit Büchse. Der Bock warf nicht einmal auf, als ich zum nächsten Baum ging und ein Zweig unter meinen Füßen knackte.

Meine zahllosen heimlichen Bemühungen hatte er stets durchschaut, von einer größeren Menschengruppe jedoch ließ er sich nicht stören! Im Knall des Schusses sank der Alte ins Gras.

Der Bock fühlte anscheinend, dass ein einzelner Jäger im Gegensatz zu einer »Horde« Menschen gefährlich ist.

Nicht alltäglich: Auf Paviane und Klippschliefer

Ich will nicht behaupten, dass sich meine Gäste ihre Jagdbeute immer unter körperlichen Strapazen schwer verdienen müssen, es geht natürlich auch anders.

Die Fangzähne männlicher Bärenpaviane sind mitunter länger als die ausgewachsener Leopardenkuder und eine begehrte Jagdtrophäe. Jagdgast Heinrich hatte sich daher bereits auf zwei Jagden bemüht, mit mir einen starken Pavian zu schießen, ohne Erfolg. Nun wollte er es ein drittes Mal versuchen. Paviane leben gesellig in Gruppen zwischen 30 und 40 Tieren. Eine Herde anzupirschen kann ebenfalls schwierig sein, denn die Tiere sind sehr aufmerksam. Taktisches Denken und Handeln ist erforderlich, um sie zu überlisten. Immerhin stehen den zwei oder drei menschlichen Augenpaaren 30 oder 40 der wachsamen Affen gegenüber. Um sie vom Ansitz aus zu erlegen, muss man oft stundenlang bewegungslos ausharren, da sie als Baumbewohner auch nach oben sichern.

Noch vor Sonnenaufgang rumpelten wir im Land Cruiser über die holprigen Farmpads Richtung Pavianberg, der seinen Namen hat, weil die Affen dort bevorzugt nächtigen. Oft höre ich nachts ihr durch Mark und Bein gehendes Gezeter und Geschrei und das laute Grunzen eines wütenden Leoparden, der sich und seine Beute verteidigt. Auch wenn die Affen nachts schlecht äugen, verteidigen sie erbittert ihren vom Leoparden als Beute ins Visier genommenen Artgenossen, man hört diese Kämpfe kilometerweit.

In dieser Nacht hatten dort keine Paviane übernachtet, wir fuhren weiter über die Wasserstelle Okatumba Richtung Okamatangara, wo sich ein Meer von Granitfelsen über die Dornenbuschsavanne erhebt. Die homogenen Monolithen gleichen in verkleinerter Form dem Ayers Rock in Australien.

Plötzlich klopfte unser auf der Ladefläche des Wagens stehender Tracker aufs Autodach, für den Fahrer das Zeichen zu halten. Auf einem fast 1.000 Meter entfernten Monolith saß, wunderschön von der Morgensonne beschienen, ein Affe. Unser Jagdbegleiter hatte ihn problemlos ohne Fernglas entdeckt, wir hatten Mühe, ihn durch unsere Optik zu erkennen. Dann machten wir weitere Affen in der morgendlichen Savanne aus. Sie suchten nach Beeren, essbaren Schoten und Insekten, drehten dabei immer wieder Steine um, unter denen sie Skorpione, kleine Eidechsen und andere Delikatessen vermuteten. Die Herde störte

Der Pavian ist ein beliebtes, aber auch gefürchtetes Beutetier und wehrhafter Gegner des Leoparden. Wegen seiner imposanten Zähne wird er von manchen Jägern als Trophäe begehrt.

sich nicht an unserem Auto, sah darin offenbar auf diese Entfernung keine Gefahr. Wir beschlossen, uns dem Felsen in einem Bogen seitlich zu nähern, warteten noch, um sicher zu sein, dass die Herde die Richtung beibehält, nahmen dann Waffen, Zielstock, für jeden eine Wasserflasche und zogen los.

Unser Tracker ging voran. Sein Hauptaugenmerk bestand nun darin, auf Perlhühner oder Kudus zu achten, die die Affen lautstark vor uns warnen würden, wenn wir sie aufschreckten.

Der gewaltige Felsen, auf dem die Affen sich bewegten, war von Gebüsch umgeben, das wegen des erhöhten Wasserablaufs besonders dicht war.

Eine zu den Schleichkatzen gehörende marderartige Manguste und ein Pavian – man toleriert sich und lebt in friedlicher Koexistenz.

Als wir uns so lautlos wie möglich durch diese Deckung hindurcharbeiteten, erschien ein mächtiger Pavian und äugte Richtung Auto, als wolle er sich versichern, dass der Herde keine Gefahr droht. Schnell war das Dreibein aufgestellt, Heinrich ging in Anschlag, der Affe sicherte angestrengt, schien die Gefahr noch nicht zu erkennen, richtete sich wie ein Mensch auf, und schon bellte der Schuss über die Felsen.

Der Affe fiel und blieb reglos liegen. Da Wild auch bei Krellschüssen schlagartig zusammenbricht, forderte ich Heinrich auf, sofort zu repetieren und den Affen nicht aus den Augen zu lassen. Während er durch das Zielfernrohr starrte, erschien ein anderer kapitaler Pavian auf dem Felsen, blickte argwöhnisch zu seinem verendeten Kameraden, sicherte misstrauisch, ich flüsterte

Der mit dem Elefanten verwandte Klippschliefer, willkommenes Beutetier der Leoparden, ist bei Farmern weniger beliebt, weil er die Weiden erheblich schädigen kann.

„Schieß!", und ein zweiter Schuss hallte an diesem sonnigen Vormittag durch das Gebirge. Auch dieser Pavian lag im Feuer. Ein zweites Waidmannsheil von mir, ein glückliches Lächeln von Heinrich, und weit entfernt zog die Herde von dannen.

Nun hatte mein Gast noch einen weiteren ungewöhnlichen Wunsch für diesen Tag. Er wollte einen Klippschliefer erlegen.

Die dem Alpenmurmeltier ähnlichen Tiere (sie zählen als eigene Ordnung zu den Schlieftieren und sind verwandt mit Elefanten und Seekühen, obschon sie optisch eher einem großen ohrenlosen Kaninchen ähneln) jagten wir als Kinder mit Begeisterung wegen ihres dichten Pelzes, aus dem wunderschöne, haltbare Felldecken angefertigt werden, und auch unsere Farmangestellten freuten sich mit ihren Familien über eine schmackhafte Abwechslung auf ihrem Speiseplan. Das Fleisch der Klippdachse schmeckte - mit Zwiebeln gekocht und mit Mielie Pap, einer Art Maisbrei (eine traditionelle namibische Beilage), ergänzt - uns Kindern besser als das Mittagessen der Mutter.

Wir fuhren also in eine Gegend, in der sich Klippdachse - Dassies, wie sie auch genannt werden - bevorzugt aufhalten, aufgetürmte, lose Granit Boulders, und wählten im Felsschatten einen Platz, von dem wir die gegenüberliegende Wand gut einsehen konnten.

Als wir endlich unsere Posten bezogen hatten, waren die Klippschliefer natürlich alle in den Felsenspalten verschwunden, und es hieß warten, warten, warten.

Heinrich legte seinen Rucksack über einen Felsen und die bewährte Walther Kleinkaliber mit dem zweieinhalbfachen Zeiss-Glas eingestochen daneben.

Nach einer knappen halben Stunde wagten sich die ersten neugierigen Tiere vorsichtig wieder in die Sonne auf den Felsen. Plötzlich saß ein Klippschliefer ungefähr 20 Gänge vor uns, der Schuss brach, und er rollte verendet in eine Felsspalte. Es war das erste und letzte Mal, dass einer meiner Jagdgäste einen Klippschliefer schießen wollte. Heinrich war glücklich.

Auf allen vieren – angewandte Indianertaktik

Auf meiner Farm bei Omaruru ist das Gelände ziemlich verbuscht und bergig, also kein idealer Lebensraum für Hartebeest. Schon zu Zeiten meines Großvaters gab es sie bei uns nur als Wechselwild. Solide Bestände gibt es erst östlich von hier, ungefähr bei Kalkfeld, bei Gobabis, zwischen Windhuk und dem Flughafen und hinter dem Waterberg auf den offenen Flächen der Omatakoberge.

Dort habe ich auch viel auf Hartebeest gejagt. Es ist schwierig, sie anzupirschen. Ein Stück im Rudel hält immer Wacht, und einen einzelnen Bullen zu finden, ist fast aussichtslos. Man kann sich zwar vor einem einzelnen Stück hinter einem Termitenhügel oder Busch verstecken, aber meistens wird man dann von weiter entfernt stehenden Tieren bemerkt, und die nehmen, wenn sie flüchten, die gesamte Herde mit. Wenn es tagsüber heiß wird, ziehen sich die Antilopen gerne unter Büsche zurück und tun sich nieder, um zu ruhen und wiederzukäuen. Dann hat man eine reelle Chance, nahe an sie heranzukommen.

Es war die grüne Zeit, März, April, Brunftzeit, und wir hatten einige Bullen vor uns gehabt, aber an keinen waren wir nahe genug herangekommen. Sie wirkten allesamt stark, weil sie sich ihre Hörner mit Schlamm vollschmieren. Wir waren auf jeden Fall nicht zu Schuss gekommen.

Nun blieb uns nur noch eine List: Der Jagdgast umfasst seinen Jagdführer unterhalb der Brust mit beiden Armen und drückt seinen Kopf in dessen Rücken. Der Jagdführer geht aufrecht. Der gebückt folgende Jäger soll optisch den Wildkörper darstellen. Man versucht so, ein Hartebeest vorzutäuschen, ein Wesen auf vier Beinen, das nicht als menschliche Silhouette auffällt, so kann man verhältnismäßig nahe an das Wild herankommen. Ideal ist, wenn man etwas Hornähnliches vor sich herträgt. Die Tiere erheben sich neugierig, werden unruhig, können sich aber aus dem Wesen auf vier Beinen keinen Reim machen. Die Waffe des Jägers hängt unter seinem Körper, sodass er sie seitlich unterm Bauch herausziehen und dann auf der Schulter des Jagdführers auflegen kann. An dem Tag wollte es auch mit dieser bewährten Indianertaktik nicht klappen. Doch dann hörten wir ungewöhnliches, undefinierbares Schlagen, offenbar kämpften zwei starke Bullen miteinander.

Bei Kudus vernimmt man mitunter Brunftkämpfe, aber bei Weitem nicht so laut und so kraftvoll. Ganz offensichtlich trugen hier zwei Hartebeestbullen einen erbitterten Kampf aus. Vorsichtig verließen wir die offene Fläche und pirschten auf die Geräusche zu. Immer noch in der Stellung der imitierten Antilope. Weit entfernt

Werden Kuhantilopen häufig bejagt, sind sie misstrauisch und scheu – das macht ihre Bejagung schwierig und dadurch besonders interessant.

standen Springböcke, Oryx und Hartebeest. Sie bemerkten nicht, wie wir uns zurückzogen. Als wir an den Rand des Busches kamen und wieder aufrecht gehen konnten, benachrichtigte ich über Funk den Fährtenleser, er möge um das Camp herum auf die andere Seite des Buschwaldes fahren, damit die beiden Rivalen, wenn sie das nahende Auto hörten, eine Pause machten, sich auf das Motorengeräusch konzentrierten und uns so nicht bemerkten.

Wir schlichen näher, immer darauf bedacht, einen Busch oder einen Geröllhaufen zwischen uns und dem Wild zu haben. Das Pirschen in dem ständig wechselnden, mal sandigen, mal felsigen, teils steilen, teils flachen, stellenweise freien und dann wieder dicht bewachsenen Gelände war für den Gast sehr beschwerlich. Ein Sekretär schritt würdevoll auf der Suche nach Eidechsen, Mäusen oder Schlangen vor uns dahin, und kleine Leguane huschten über große Steinplatten von uns fort. Und dann entdeckten wir die beiden kämpfenden Bullen. Ein gewaltiger Anblick, uriges Wild in uriger Landschaft. Sie erschienen gleich stark, hatten sich anscheinend bereits müde gekämpft, gingen in die Knie, lehnten die Köpfe gegeneinander, keuchten weit hörbar, trennten sich erneut, senkten die Häupter, rasten aufeinander los und prallten wieder mit ungeheurer Kraft zusammen. Der Kampf hatte gewiss schon sehr lange gedauert. Die beiden waren so miteinander beschäftigt, dass sie uns nicht wahrnahmen. In der Hoffnung, dass sie voneinander abließen und sicherten, wollte ich pfeifen. Im Flüsterton erklärte ich dies meinem Gast und wies darauf hin, dass der rechte Bulle der stärkere sei. In dem Augenblick knieten die beiden schon wieder voreinander.

Nach dem Pfiff sprangen sie auf, der Schuss fiel, und der stärkere Bulle ging zu Boden. Der andere war so in Rage, dass er auf seinen noch schlegelnden Rivalen zustürmte und ihn derartig mit seinen Hörnern bearbeitete und auf dem Boden vor sich her stieß, dass uns der Atem stockte. Wir gingen aufrecht auf ihn zu, aber erst als wir nur noch wenige Meter von ihm entfernt waren, bemerkte er uns, äugte uns bedrohlich lange, sehr lange an, bis er die Gefahr realisierte und in panischer Flucht absprang.

Kuhantilopen im Mopanewald – die Tiere sind sehr anspruchsvoll in der Wahl ihrer Äsung und oft die ersten, die schwere Dürrezeiten nicht überleben.

Fast auf Tuchfühlung

Ich erinnere mich an einen Rehbock, der in der Brunft ebenfalls so erregt war, dass er alles um sich herum vergessen hatte. Er stand in einem Revierteil unseres Gutes, der sehr treffend „In der Heide" heißt. In meiner Jugend brachte ein Mann aus dem Nachbardorf seine Bienenkörbe jedes Jahr „in die Heide". Die Immen fanden dort in dem üppig blühenden Heidekraut Nektar im Überfluss, und als „Mietzins" bekam meine Mutter ein paar Gläser Honig. Die Heide gibt es heute nicht mehr. Die Zeiten, in denen Wanderschäfer mit ihren Schnucken dafür sorgten, dass sich kein anderer Bewuchs als Heidekräuter entwickelte, sind längst vorüber. Naturverjüngung wuchs heran, Aufforstungen kamen hinzu, und es blieb lediglich der Name für diese Fläche, auf der Kiefern aller Altersstufen, vereinzelt Birken und einige kümmerliche Fichten stehen.

Ich war beim ersten Licht dorthin gepirscht, hatte es mir auf einem Baumstumpf gemütlich gemacht, bis mich die Sonne wärmte. Zwei Jährlinge waren vertraut durch die Kiefern gewechselt, machten aber nicht den Eindruck, als lebten sie in der Furcht eines älteren Bockes, dessen Einstand ich hier vermutete, deshalb schlenderte ich, während ich Pläne für den Abendansitz schmiedete, auf dem breiten Sandweg zurück nach Hause. Da flüchtete ein Reh über den Weg, verschwand schreckend in der Heide und riss mich aus meinen Gedanken. Es waren nur wenige Augenblicke, in denen ich es gesehen hatte, aber auf die kurze Entfernung hatte ich ein weißes Gesicht und Stangen zwischen den Lauschern erkannt. Reglos verharrte ich, lauschte und ärgerte mich über meine Unachtsamkeit, während, fast höhnisch, ständiges Schrecken von der Heide herüberklang.

Vorsichtig prüfte ich den Wind, pirschte langsam weiter, bis er direkt von dort, woher ich das laute „Böh! - Böh!" vernahm, zu mir herwehte.

Behutsam setzte ich Fuß vor Fuß und schlich in dem unübersichtlichen Kiefernbestand Schritt für Schritt auf das Schrecken zu. Sicht hatte ich höchstens vier oder fünf Meter. Nachdem ich mich acht bis zehn Schritte im Zeitlupentempo vom Weg entfernt hatte, verharrte ich bewegungslos.

Vor mir, vielleicht zehn Gänge entfernt, brach es laut, und plötzlich kamen aus dem dichten Bestand undefinierbare Geräusche, aus denen ich mir keinen Reim machen konnte, doch dann bestand kein Zweifel: Obwohl ich keine auch noch so kleine Bewegung mehr wahrnehmen konnte, lediglich zwei zirpende Kohlmeisen brachten mit gewandten Turnübungen Unruhe in die Kiefernäste, musste es der Bock sein, der wenige Meter vor mir plätzte und fegte.

Vorsichtig bewegte ich mich zwei weitere Schritte in seine Richtung. Zweige streiften rauschend an meiner Jacke entlang. Furchtbar laut, befürchtete ich, aber den Bock störte es nicht, das Krachen und Poltern ließ nicht nach, wurde sogar heftiger. Ich wagte drei weitere Schritte. Dann herrschte Stille. Ich stand mucksmäuschenstill, hielt den Atem an, dann prasselte es noch einmal, ich konnte mich wieder vorwärtswagen.

Unaufhörlich versuchten meine Augen die dichte grüne Wand vor mir zu durchdringen, doch der Wald gab sein Geheimnis nicht preis. Dann zitterten wieder Zweige, und kurz darauf schwankten einige Bäumchen wild hin und her.

Zwei Schritte machte ich noch, ging dann in die Knie und erblickte höchstens zehn Meter vor mir ein Reh. Es war nicht auszumachen, wo hinten, wo vorn war, dass es ein Bock war, vermutete ich lediglich.

Wieder quälende, ungewisse Ruhe, gefühlte drei Minuten lang gespanntes Warten und Starren bei erhöhter Pulsfrequenz, dann schlug die kleine Kiefer vor mir erneut stürmisch von einer Seite zur anderen, als würde sie von einer unsichtbaren Macht hin und her geschüttelt. Der Bock bearbeitete das unschuldige Bäumchen ohne Pause, war so in Rage geraten, dass er, kaum zehn Gänge entfernt, nicht wahrnahm, wie ich einen weiteren Schritt machte und die Büchse hob.

Im Schuss erkannte ich eine hohe Flucht, und nachdem ich mich durch das Gewirr der niedrigen Stämme die wenigen Meter zu ihm hingearbeitet hatte, kniete ich vor einem alten, längst zurückgesetzten Spießer.

Unaufhörlich versuchten meine Blicke das Dickicht vor mir zu durchdringen, doch es dauerte eine gefühlte Ewigkeit, bis der Wald sein Geheimnis freigab.

Zwei auf einen Streich

Einige meiner Jagdgäste neigen zum Übertreiben und zur Selbstdarstellung. Man liest dann in ihren Berichten, dass das Jagen sehr anstrengend war, die Schüsse einfach grandios waren, alle Stücke im Feuer zusammengebrochen waren und andere Geschichten, bei denen Münchhausen vor Neid erblasst wäre. Die Wirklichkeit sieht allerdings manchmal anders aus, und als Berufsjäger werde ich auch mit Problemen, die weniger erfreulich sind, konfrontiert.

Auf meiner Farm erlegte ein Jagdgast einen recht guten, alten Kudu mit 1,60 Meter langen Hörnern, ein absolutes Traummaß. Der Schütze erhielt neben der üblichen Goldmedaille auch eine Game-Field-Medaille.

Zu der Stärke kam auch noch das Alter. Amerikaner legen darauf normalerweise weniger Wert. Für sie ist es wichtig, dass die Trophäe dick, lang, groß und schwer ist. Schießt man allerdings nach diesen Kriterien, schadet man seinem Wildbestand, weil die gute Genetik verloren geht. Kapitale Bullen vererben sich ja nicht, wenn sie zu früh erlegt werden. Ich habe ihn nur schießen lassen, weil eine große Dürre bevorstand und ich befürchtete, der alte Bulle würde die lange Trockenheit nicht überleben.

In meiner Bar hängt die Schultermontage eines ganz besonders guten Kudus. Er erinnert mich an eine ungewöhnliche Jagd. Wir hatten Westwind, und ich pirschte mit einem Gast ein Flusstal entlang. Morgens herrscht bei uns meistens Ostwind, über Mittag legt er sich, nachmittags, so ab 16 Uhr, kommt er dann aus westlichen Richtungen. Wir pirschten also gegen den Wind am Rand des Flusstales entlang.

Kudus stehen gerne in ausgetrockneten Flussläufen. Dort finden sie, auch wenn es trocken ist, noch Äsung, der dichtere Bewuchs bietet gute Deckung, durch die langen Schatten sind sie mit ihrer graubraunen Färbung und den weißen Streifen besser getarnt, und nachmittags ist es in diesen Rivieren, wie diese trockenen Flussbetten genannt werden, etwas kühler. Da auch der Jäger meistens gute Deckung findet, ist die Pirsch häufig sehr erfolgreich.

Als wir an eine Biegung kamen, der Fluss schlängelte sich hier um einen großen Granitfelsen herum, entdeckte ich in einem Gebüsch aus Omanjembere, ein breitblättriger, etwa mannshoher Busch, dessen Blätter eine begehrte Äsung sind, einen guten Kudubullen. Er hatte uns nicht bemerkt. Ich stellte das Dreibein vor meinen Jagdgast auf, der ging in Anschlag, der Bulle machte nach dem Schuss eine hohe Flucht und verschwand im Gestrüpp. Ich hatte deutlichen Kugelschlag vernommen. Während ich dem Schützen zuraunte, er solle nachladen, preschte der Kudu durch das breite, sandige Flusstal.

Vor der Jagd hatten wir vereinbart, dass ich im Falle eines Krank- oder Fehlschusses ebenfalls schießen werde. Diese Absprache des Nachschießens treffe ich gerne, um lange Nachsuchen zu vermeiden. Der Kudu kam also in voller Flucht hinter dem Felsen hervor. Der Schütze fehlte erneut, und nach meinem Schuss brach der Bulle schließlich verendet im Flusslauf zusammen. Als wir an unsere Beute herantraten, fanden wir lediglich einen Ein- und Ausschuss. Nun war guter Rat teuer. Wir arbeiteten die Fluchtfährte zurück bis zum Anschuss, bei dem wir den deutlichen Kugelschlag gehört hatten, und fanden einen zweiten starken Bullen. Wir hatten nicht gesehen, dass dort zwei Kudus gestanden hatten. Er war ebenfalls im Schuss zusammengebrochen, wir hatten auf einen Streich unbeabsichtigt zwei kapitale Kudus erlegt.

Daneben hängt unter anderem eine kapitale Elandtrophäe von der Farm Wildacker, die meinem Freund, Graf Erbach aus dem Odenwald, gehörte und zu der ich ebenfalls durch ein Missgeschick kam. Die Farm ist von einem hohen Veterinärzaun umgeben, weil die Rinder in den benachbarten Gebieten nicht offiziell untersucht werden und somit nicht gegen Seuchen geschützt sind. Der Besitz grenzt an die sogenannte Rote Linie.

Wir hatten morgens eine gute Fährte aufgenommen und waren ihr den ganzen Tag über gefolgt. Elands schöpfen normalerweise frühmorgens oder abends in der Dämmerung. Bei Mondschein kommen sie auch nachts zur Wasserstelle, und es ist ziemlich Erfolg versprechend, die Fährte eines starken Bullen an den Tränken zu suchen und zu verfolgen.

Die Gegend ist sehr sandig, und Spuren sind gut zu halten. Da wir nicht weit vom Buschmannland entfernt jagten, wurden wir von einem Buschmann begleitet, der uns als Fährtenleser unterstützte. Das Gebiet grenzt an das Okavangoland. In der Nähe der Hauptstadt Tsumkwe leben ja noch viele Buschmänner außerhalb der kommerziellen Farmen. Die Farmer beschäftigen sie gerne, weil sie begnadete Fährtenleser sind. Ein San, wie wir den Buschmann nennen, er war Fahrer und ein sicherer Spurenleser, sowie ein Mann von meiner Farm begleiteten uns also. Wir saßen, weil wir am Tage nicht zu Schuss gekommen waren, abends in einem Schirm und warteten. Die Sonne war bereits untergegangen, es herrschte aber noch gutes Büchsenlicht. Da hörten wir aus dem dichten Trockenwald, dort oben wachsen weniger Dornbusch-Akazien, sondern mehr andere Laubhölzer, dass sich Elands näherten. Sie verursachen durch das Zusammenschlagen der Schalen beim Ziehen ein charakteristisches Klick-Klick-Klick-Geräusch. Gespannt warteten wir, bis aus dem Dickbusch ein kapitaler Bulle zur Wassertränke zog. Die Klickgeräusche verstummten nicht, und dann trat ein zweiter Bulle aus. Welcher der beiden der Stärkere war, ließ sich nicht klar erkennen. Sie hatten lang herunterhängende Kehlwammen, ihre Hornspitzen waren abgenutzt. Beide standen spitz auf uns zu. Deutsche Jäger tuen sich oft schwer, auf den Stich zu schießen, und warten, bis das Stück breit steht, um einen Blattschuss zu platzieren. Das war in diesem Fall nicht möglich. Die Dämmerung nahte mit Riesenschritten. Wir warteten ungeduldig, bis ein Bulle halbspitz stand und sich ein Schuss schräg durch die Kammer antragen ließ. Der Jagdgast führte eine 8 × 68. Das Kaliber ist für Elenantilopen, die bis zu einer Tonne schwer werden können, durchaus geeignet, und ich drängte behutsam zum Schuss, bevor das Licht endgültig schwand.

Ich hatte das Stück im Glas, der Jäger schoss und traf waidwund. Wie wir später feststellten, steckte das Geschoss, das durch das Skrotum und den Pansen hindurchgedrungen war, auf der anderen Seite in der Keule. Ein übler Schuss, der dem Stück ungeheure Schmerzen verursacht haben muss. Der andere Bulle war natürlich auch längst abgesprungen, beide waren in dieselbe Richtung geflüchtet, und es wurde immer dunkler.

Ein Schuss auf dicht im Verband zusammenstehendes Wild (hier zwei weibliche Impalas) birgt stets die Gefahr eines Doppeltreffers (Paketschuss) und verstößt daher gegen die Grundsätze der Waidgerechtigkeit.

Wir warteten kurz und hatten dann eine verhältnismäßig leichte Nachsuche, denn die Antilope hatte viel Schweiß verloren. Man erkannte zwar deutlich die Eingriffe der Schalen, doch in dem Dämmerlicht war auf den vertrockneten braunen Blättern kaum Schweiß auszumachen.

In diesem Teil des Landes gibt es viele verbuschte Sanddünen. Sie stammen aus der Eiszeit und wurden mit den sich verändernden Klimabedingungen bewaldet. Eine dieser Dünen waren wir hinaufgeklettert und blickten in das nächste Tal. Da erschien vor uns auf dem Kamm der nächsten Düne, sich als Scherenschnitt gegen den Abendhimmel abhebend, ein mächtiger Eland. Ich rief, er verhoffte, sicherte zurück, ich flüsterte „Schießen!“, weil ich annahm, es wäre der angebleite Bulle und der gesunde wäre längst weitergeflüchtet. Der Jäger hatte mich vorher gebeten, ebenfalls zu schießen. Wir schossen also beide, der Jäger zuerst, und nach meinem Schuss hörten wir Kugelschlag. Unsere schwarzen Begleiter waren sicher, dass der Gast gefehlt hatte. Der Eland flüchtete jedenfalls die Düne auf der Rückseite hinunter, war nach ein paar 100 Metern verendet, und wir fanden lediglich einen Ein- und Ausschuss, hatten also irrtümlich den zweiten, den gesunden Bullen erlegt.

Um den anderen nachzusuchen, war es schon zu dunkel. Wir verblendeten also den toten Bullen, verwitterten ihn mit unserer Kleidung, den abgeschossenen Patronenhülsen und pinkelten, damit die Hyänen ihn über Nacht verschonten, neben den Wildkörper. Wir brachen ihn auf, denn so schwere Tiere verhitzen schnell. Außerdem spreizten wir mit einem Stamm die Brusthöhle auseinander, damit der Wildkörper auskühlen konnte. Dann machten wir uns in dem Wissen, dass sich im Busch durch unsere Schuld ein Tier quält, deprimiert auf den Heimweg.

Am nächsten Morgen fuhren wir mit dem ersten Licht wieder zum Ort der Tat. Als wir die Wasserstelle passierten, kreuzten drei Hyänen mit blutverschmierten Fängen unseren Weg, und wir waren sicher, dass sie die Scheu vor unseren Verwitterungsmaßnahmen überwunden hatten und über die am Vorabend verendete Antilope hergefallen waren. So war es auch. Sie hatten die Bauchlappen und eine Keule sowie Teile des Rückens gefressen.

Ich hatte einige Männer mitgenommen, die den Eland zur Farm fahren konnten, und nahm die andere Fährte auf. In dem tiefen Sand war es relativ einfach, der Schweißspur zu folgen. Aus kleinen Spritzern vom Panseninhalt schloss ich, dass der Bulle waidwund getroffen war. Wir stießen auf etliche Hyänenspuren und mehrere Wundbetten. Die schwerkranke Antilope hatte immer wieder verhofft und war offensichtlich ziemlich geschwächt und langsam geworden. Erst gegen elf Uhr stießen wir auf sie. Sie verhoffte unter einem Baum und äugte, das Haupt gesenkt, in unsere Richtung, wahrscheinlich in Erwartung der folgenden Hyänen, nahm uns aber nicht wahr. Der Fangschuss war kein Problem. Der Bulle lag, den schweren Kopf aufrecht an den Baum angelehnt, als ruhe er, war aber verendet.

Man kann bei afrikanischem Wild nicht vorsichtig genug sein, es ist sehr schusshart. Ich näherte mich daher wie üblich dem Eland schussbereit von hinten. Er sah aus, als hätte er sich niedergetan, die Lichter waren noch offen, und wäre da nicht der hässliche rote Fleck zwei Handbreit hinter dem Blatt gewesen, ich hätte wahrscheinlich auf kurze Distanz noch einmal auf den Bullen geschossen.

Mit Äxten und Macheten hackten wir dann einen Pfad für den Toyota und fuhren später rückwärts an den Eland heran, dann vor- und rückwärts, immer hin und her, um eine tiefe Spur im Sand zu graben, bis das Auto fast auf den Achsen auflag, denn es war kaum möglich, mit der geringen Manpower das Stück hochzuhieven.

Elands sind die größten und schwersten Antilopen der Welt. Trotzdem überfallen sie problemlos mehr als 2 m hohe Zäune. (Sie sind unstet, scheu und bevorzugen dichtes Buschland als Einstand).

Starker Kudubulle – Wappentier von Schönfeld.

Unter sagenhaften Anstrengungen bugsierten wir den schweren Wildkörper schließlich auf die Ladefläche.

Die Sonne stand steil über uns. Es war brütend heiß. Wir mussten uns beeilen, das Stück abzutransportieren, um es rasch in die Kühlung zu bringen, damit das Wildbret nicht verhitzt.

Der Schütze legte damals keinen Wert auf das Cape, wollte lediglich den Schädel mit den kapitalen Schläuchen mitnehmen. Sein Haus in Deutschland sei viel zu klein, um dort die Schultermontage eines hochkapitalen Elandbullen aufzuhängen, meinte er. So nahm ich das Cape seines Elands, und heute hängt als Erinnerung an diese denkwürdige Jagd der von mir erlegte hochkapitale Bulle in meiner Bar mit einem fremden Cape.

Später schrieb mir der Schütze, die beiden Hörner passten nicht auf den Stumpf des Schädels, ich hätte sie offensichtlich vertauscht. Nun waren die Trophäen vom selben Präparator bearbeitet worden, meine Hörner saßen perfekt, zudem hatte ich von beiden erlegten Tieren Fotos gemacht, darauf war eindeutig zu erkennen, dass die Schläuche nicht vertauscht worden waren. Trotzdem bestand der Schütze darauf. Zu meinem nächsten Besuch der Messe in Dortmund nahm ich meine Hörner im Handgepäck mit – damals hatten die Ein- und Ausfuhrbestimmungen für Trophäen noch nicht solche Maße angenommen wie heute – und fuhr zu dem Mann, der in der Nähe von Frankfurt wohnte. Dort konnten wir das Geheimnis lüften. Auf dem Stirnzapfen seines Bullen befand sich ein dicker Auswuchs. Nach eingehender Untersuchung fand ich in dem Schlauch an eben dieser Stelle eine Delle. Die Wucherung wurde mit einer Raspel entfernt, und nun passte alles zusammen.

Zivilisation hat auch ihre Nachteile

Der Kudu und der Eland wurden von dir irrtümlich, jedoch im festen Glauben, waidgerecht zu handeln, erlegt, und es gab weder für dich noch für deine Jagdgäste unerfreuliche Konsequenzen. Die beiden unbeabsichtigten Dubletten offenbaren die unterschiedlichen Auffassungen in Namibia und in Deutschland von Jagd und ihren Restriktionen. Im Gegensatz zu Namibia bekommt man in Deutschland nach einem solchen Fauxpas nämlich große Probleme.

Ich habe es am eigenen Leib erfahren müssen, nachdem ich viele Jahre im Ausland gejagt hatte, die Entwicklung des Jagdwesens in Deutschland lediglich am Rande verfolgen konnte, dann in die Heimat zurückkehrte und mit einer ungewollten Dublette konfrontiert wurde.

Unsere Erde war, seitdem ich nicht mehr zu Hause gejagt hatte und nach Deutschland zurückgekehrt war, dreimal um die Sonne gewandert, und die himmlischen Zeiten meiner Jugend waren nicht mehr, Tempi passati. Vieles, sehr vieles hat sich in den letzten Jahrzehnten für die Jäger in Deutschland geändert. Ihr lebt in Namibia da vergleichsweise in einem Paradies.

„Papi, dort kreisen Geier, da muss ein totes Tier liegen!“, rief mein Sohn, als wir vorm elterlichen Gutshaus aus dem Auto stiegen. Es waren Mäusebussarde, sieben der umgetauften Beutegreifer, alias Taggreife, alias Raubvögel, die über uns kreisten. Seit mehreren Jahren waren Greife in Deutschland geschützt. Als ich mit dem Vorstehhund durch die Rübenschläge zog, fand ich kein Rebhuhn mehr. Gewiss lag es auch an der Landwirtschaft mit dem Zwang, in immer kürzerer Zeit immer mehr zu produzieren.

Ich spürte die Entwicklung des technischen Zeitalters mit all ihren Konsequenzen. Der Lärm hatte zugenommen, aber man hatte sich an den Krach gewöhnt. In Deutschland haben die Menschen das Stillsein verlernt, auch das Wild hat sich damit abgefunden.

Ein asphaltierter Fahrradweg führt heute den Weg entlang, auf dem früher höchstens Einheimische fuhren, um während der Heimfahrt nach Skatspiel, Bier und Köm keiner Polizeikontrolle zu begegnen. Nun sind es Radlergruppen, die die Strecke bevölkern. Fröhliches Singen, von schriller Musik begleitet, stört die Waldeinsamkeit.

Es ist nicht mehr der dunkle, schweigende Wald, den ich aus meiner Jugend erinnere, mit seinem heimlichen Wild, sondern eine Quelle für Holzerzeugung und Tourismus. Die Rufe „Zurück zur Natur!“ sind für viele Menschen gleichbedeutend mit Entfremdung von der Natur, ungestörte Rückzugsgebiete für Wild wurden kleiner, die Menschheit wurde größer.

Zwei Wochen Hirschbrunft lagen damals vor mir, und der Herbst vergoldete meine Heimkehr, besänftigte mich mit bezaubernden, leuchtenden Farben.

Lange vor dem nächsten Sonnenaufgang kauerte ich auf einer Leiter in einer Kiefer. Das Schwinden der Dunkelheit war erst zu ahnen, als schemenhaft Rotwild vorbeiwechselte. Als das Licht zum Ansprechen reichte, war die Bühne vor mir wie leer gefegt.

Auf dem Rückweg schreckte im Moor ein Reh, laut und anhaltend. Ob dort Hochwild zog oder ein Spaziergänger durch den Wald wanderte?

Am Nachmittag begab ich mich wieder auf die heimliche Leiter. Die untergehende Sonne ließ die Schatten der hohen Kiefern langsam wachsen. Besinnliche Stimmung aber, wie in der Wildnis, kam nicht auf. Ein Moped knatterte, spielende Kinder schrien im entfernten Dorf, auf dem Feld pflügte ein Treckerfahrer die letzten Stoppeln, und ich vermisste die Ziegenmelker, die mich oft mit ihrem eleganten Flug unterhalten hatten.

Hinter der Reviergrenze schrie ein Hirsch. Dann starkes Brechen vor mir. Dem beschaulichen Sitzen und Träumen folgte erwartungsvolles Herzklopfen. Zwei Rottiere mit ihren Kälbern zogen durch die Kiefernschonung, es folgte ein eng stehender Sechser. Nur für Sekunden konnte ich ihn ansprechen, bevor er wieder verschwunden war, dann trat erneut Ruhe ein. Das Büchsenlicht verkroch sich in den Schatten der dunklen Kiefern, Dämmerung legte sich über Wald und Moor, und die Dunkelheit sah mich zufrieden heimwärts ziehen, entschlossen, dem auffälligen Hirsch die nächsten Tage zu widmen.

Aufreizend schwerfällig quälte sich das Büchsenlicht in die ganz allmählich weichende Dämmerung und offenbarte mir schließlich ein weiteres kleines Ende im Geweih des Hirsches.

Dicke Nebelschwaden erschwerten die Sicht bei meinen nächsten Ansitzen. Das Büchsenlicht schwand früh, morgens quälte sich die Sonne erst spät am Vormittag durch den Dunst, beschenkte mich aber mit herrlichem Altweibersommer. Ich hatte vielfältigen Anblick, obwohl das Revier so unruhig geworden war. Auch Privatbesitz ist nicht mehr nur für Jäger da.

Mehrere Hirsche meldeten, aber die Brunft spielte sich in den Nachbarrevieren ab. Deutsche Reviere sind winzig im Vergleich zu jenen, in denen ich in den vergangenen Jahren jagen durfte.

Endlich klarte es wieder auf. Der Große Wagen hatte seine Deichsel schon stark nach Osten geneigt, als ich aus dem Herrenhaus trat.

Mehrere Hirsche meldeten. Als es hell war und ich nicht mehr mit Wildanblick rechnete, strebte ein Tier mit seinem Kalb vor mir dem Tageseinstand zu. Sofort vertauschte ich Fernglas mit Büchse und beobachtete durch das Zielfernrohr. Es folgte ein zweites Tier mit Kalb, ein Schmaltier – und der Sechser!

Um ihn zu stoppen, „schrie“ ich ihn durch die Muschel an, aber er war bereits hinter der nächsten Kieferngruppe verdeckt. Als er dann auf einer kleinen Blöße erschien, rief ich noch einmal. Ruckartig verhielt der Hirsch, quittierte die Kugel mit einer hohen Flucht und verschwand.

Während ich repetierte, hörte ich ihn fortbrechen. Mein Puls jagte, mein Herz hämmerte bis zum Hals, als der Hirsch, offensichtlich durch den Widerhall des Schusses getäuscht, zurücktrollte, verhoffte und der zweite Schuss an diesem Morgen fiel.

Nach üblicher Wartezeit ging ich zum Anschuss, wo deutlich Eingriffe zu erkennen waren, kroch auf einem ausgetretenen Wechsel entlang, fand weder Schnitthaar noch Schweiß, doch stand dann nach gut 30 Metern vor dem verendeten Sechser.

Als ich ihn aufgebrochen hatte, nahm ich den direkten Weg zu einer breiten Rückeschneise und stolperte fast über einen anderen Sechser, und nach mehreren Schrecksekunden stand einwandfrei fest, dass auch er von mir erlegt worden war. Ebenfalls ein Abschusshirsch, wie er im Buche steht, aber es war ja nur ein Hirsch in dieser Klasse frei gewesen.

Was dann folgte, war wie ein Albtraum: Selbstanzeige, Vorladung bei der Jagdbehörde, Verhör wie bei einem Schwerstkriminellen und Verurteilung zu einer Geldbuße. Außerdem wurde das Revier für den Abschuss dieser Klasse für drei Jahre gesperrt.

In einer benachbarten Jagd schoss noch im selben Jahr der Revierpächter einen starken Rothirsch, den er laut Abschussplan nicht frei hatte. Um von seinem „Irrtum“ abzulenken, transportierte er den Erlegten zur Landstraße, fuhr mit dem Geländewagen über die Läufe des Stückes und behauptete, er habe dem angefahrenen Hirsch einen Fangschuss geben müssen. Durch ein gerichtsmedizinisches Gutachten wurde der Schütze später überführt und zu einer empfindlichen Geldbuße verurteilt.

Sternstunde, auch für den, der die „Hohe Kunst“ des Hirschrufs beherrscht.

Noch eine ungewollte Dublette

Bei den Rothirschen handelte es sich nicht wirklich um eine klassische Dublette, dazu kann ich aber dann doch auch eine unrühmliche Episode beitragen. Nass tropfte es von Büschen und Bäumen, der Waldboden war durch die Feuchtigkeit völlig aufgeweicht – sämtliche störenden Geräusche wurden dadurch nahezu verschluckt –, als ich mit meiner Hündin zu den verwaisten Viehweiden schlich. Dort standen mehrere alte Eichen, unter denen reichlich Mast aus dem vergangenen Herbst lag. Die Sauen hatten bei der Suche nach Fraß die Erde in eine wahre Mondlandschaft verwandelt.

So gespannt ich auf meinem Marsch auch gelauscht hatte, alle 20 bis 30 Schritte minutenlang verhielt, es herrschten nur hörbare Ruhe und tiefes Schweigen. Der Mond hatte längst die höchste Stelle seiner Bahn überschritten. Seine rechte Seite war nicht mehr rund wie noch vor wenigen Tagen. Durch das filigrane Gezweig der kahlen Bäume warf sein bleiches Licht matte Strahlenbündel auf den Boden, zeichnete deutliche Schattenspiele und verzerrte Umrisse voller Konturen auf die Erde. Die Sterne verblassten, nur wenige blinkten vom Himmel herab. Auf der Fläche ästen zwei Rehe. Sie bemerkten uns nicht, als wir uns im Schutz der Kiefern näherten. Der Wind stand günstig.

Nachdem wir fast zwei Stunden lang am Waldrand hinter dem Schatten eines der hohen Bäume gestanden, kein verdächtiges Geräusch gehört, keinen den Puls beschleunigenden Schatten und schon gar keine Sau gesehen hatten, wurden die Rehe unruhig, sicherten zur gegenüberliegenden Waldkante, zogen fort, und ich vernahm erregtes Quietschen. Im Schlagschatten der Eichen tummelten sich Sauen. Lediglich akustisch hatten sie sich verraten, optisch konnte ich im Dämmerdunkel des Waldrandes nichts ausmachen.

Vorsichtig schlichen wir den Schwarzkitteln entgegen, und dann nahm ich fünf dunkle Schemen in dem diffusen Licht unter den Bäumen wahr – Sauen!

Fünf Minuten ungeduldiges Starren vergingen, in der Hoffnung, die Rotte würde in unsere Richtung ziehen. Das Licht wurde schlechter, und schließlich schlich ich tief gebückt über die offene Fläche näher auf die grauen Schatten zu.

Mit jedem Meter, den der Hund und ich hinter uns ließen, erkannte ich sie deutlicher. Als uns ungefähr 60 Meter trennten, war ich sicher: Fünf Überläufer brachen unter den knorrigen Stämmen. Ich machte mich noch kleiner, kroch weitere zehn Gänge vor, ging in die Hocke und saß schließlich auf dem Hosenboden. Diva hatte sich ebenfalls gesetzt und starrte zu den Schweinen, und als eines von ihnen breit stand, zerriss der grässlich laute Knall meiner Büchse die Stille der friedlichen Mondnacht.

Geblendet vom Mündungsfeuer, sah ich zwei Sauen nach links flüchten und eine, wohl die beschossene, auf mich zutrollen. Augenblicklich hatte ich repetiert, schoss, und knapp 30 Meter vor mir brach sie zusammen.

Die beiden Schüsse hatten Divas Nerven stark beansprucht. Ungeduldig drängte sie zu der toten

Sau, und schon standen wir vor unserer Beute, ein Überläufer, geschätzte 40 Kilogramm schwer. Hund und Schütze waren gleichermaßen erleichtert. Ich brach das Stück auf und spazierte zufrieden nach Hause, um das Auto zu holen.

Es war sehr spät oder genauer früh am Morgen geworden, dreieinhalb Stunden waren wir bereits unterwegs, und erst nach einer weiteren Stunde waren wir wieder an der Weide.

Langsam bahnte sich der Wagen seinen Weg durch den fast kniehohen Bewuchs. Diva lief vor dem Auto her, bis im Scheinwerferlicht die verendete Sau erschien. Schnell war sie im Kofferraum verstaut, und los ging es, wieder dem heimischen Herd entgegen, ich war todmüde.

Als der Wagen zurück zum Weg rumpelte, sprang Diva freudig vorweg, stoppte abrupt mit hoher Nase und zog nach rechts. Ich lenkte den Geländewagen ärgerlich in die Richtung, in der die Hündin verschwunden war. Gut 20 Meter entfernt erfassten sie die Scheinwerfer, und ich sah, wie sie sich mit etwas Unsichtbarem im hohen Gras beschäftigte. Genervt fuhr ich zu ihr und erblickte im Schein des Fernlichtes ein Stück Schwarzwild, die Sau, der der erste Schuss gegolten hatte. Der Überläufer im Kofferraum war gesund, als er auf mich zuflüchtete und ich ihn erlegte.

Kolkraben hätten erst Tage später meine Gier offenbart. Jägerisches Versagen hatte mir eine ungewollte Dublette beschert – und einen schalen Nachgeschmack hinterlassen.

Über einen Förster aus Süddeutschland, der einen Jagdgast auf einen Abschusshirsch zu Schuss bringen sollte, fällt mir dazu noch eine Geschichte ein.

Der Beamte saß mit dem Gast auf einer Kanzel, da trat ein Sechser auf die Kahlfläche. Gebannte Blicke durch die Ferngläser, dann flüsterte der Förster: „Den können Sie schießen!“

Im gleichen Augenblick wechselte ein weiterer Hirsch aus dem Bestand, ein Achter. Aufgeregt fragte der Gast: „Und der, kann ich den auch schießen?“

„Hm“, murmelte der Führer nach einem kurzen Blick durch sein Glas kopfnickend, beobachtete dann, während der Gast in Anschlag ging, den Sechser weiter und wartete, dass der Hirsch breit stand.

Kaum war der Schuss verklungen und der Beschossene zusammengebrochen, knallte es ein zweites Mal. Erschreckt ließ der Beamte das Glas sinken und sah, dass auch der Achter zu Boden ging.

„Sind Sie verrückt geworden?!“, donnerte er.

Der erstaunte Schütze strahlte über das ganze Gesicht. „Sie haben doch gesagt, den kann ich auch schießen!“

Mit Machete auf Oryxjagd

Alle Gazellen sind Antilopen, aber nicht alle Antilopen sind Gazellen. Gazellen haben eine dunkle, schwarze oder bräunliche Trennlinie an der Flanke. Da die Oryx, ganz so wie Gazellen, eine ausgeprägte Trennlinie aufweist, gab ihr Carl von Linné, der große schwedische Naturforscher des 18. Jahrhunderts, der mit der binären Nomenklatur die Grundlagen der modernen botanischen und zoologischen Taxonomie schuf, den wissenschaftlichen Beinamen „gazella". Oryxantilopen gehören aber nicht zu den Gazellen, obwohl der wissenschaftliche Name Oryx gazella das suggeriert. Impalas beispielsweise, obwohl weitaus graziler als Oryxantilopen, zählen auch nicht zu den Gazellen.

Hier in Namibia nennen wir die Oryxantilope eigentlich eher selten Oryx, meistens bezeichnen wir sie als Gemsbock. Ausländische Jäger fragen oft nach dem für sie fremden Namen, denn mit einer Gämse hat die Oryx wenig gemein. Holländern, die als Erste die Kapregion besiedelten, war das Gamswild in den Alpen fremd. Wahrscheinlich haben sie den Namen, in Deutschland wird die Oryx ja auch Spießbock genannt, geprägt, weil sie Gämsen von Bildern her kannten und die Färbung der Oryx mit den Zügeln im Gesicht mit dem Gebirgswild Ähnlichkeit hat. In meiner Jugend hat niemand den Ausdruck „Oryx" benutzt, er wurde erst mit den deutschen Trophäenjägern nach Namibia gebracht.

Es gibt neben dem in Namibia vorkommenden Gemsbock noch drei weitere Oryxarten. Unsere Gemsböcke sind hier eine der Hauptwildarten und begehrte Trophäenträger. In der Erongoregion, in der es viel Dickbusch gibt, haben wir besonders gute Oryxbestände. Oryxantilopen sind erstaunlich resistent gegen lange Dürrezeiten, kommen mit wenig Wasser und Äsung aus, überleben auch in der Wüste lange ohne Wasser, halten es sogar länger als ein Kamel ohne Flüssigkeit aus.

Ich erinnere mich an eine Oryxjagd mit spanischen Gästen. In Spanien ist es verpönt, einen Fangschuss zu geben, stattdessen wird verletztes Wild mit der kalten Waffe abgefangen. Ein wirklicher Jäger muss seinen Mut beweisen und das angeschweißte Tier mit seinem „cuchillo" töten.

Hat eine Oryx einen hohen Schuss und kann nicht mehr flüchten, bleibt sie trotzdem wehrhaft und reaktionsschnell. Ich bewarf einmal bei einer Nachsuche einen angeschossenen Oryxbullen, von dem ich im dichten Busch nur die Hornspitzen sah, mit Steinen. Der Bulle parierte jeden Wurf verblüffend exakt mit der Spitze eines Hornes und beförderte alle Steine zielgenau wie ein Kricketspieler in eine andere Richtung.

Ich führte also eine Gruppe aus Spanien. Die Iberer jagen ungern allein, bewegen sich auch auf der Jagd lieber in einem geselligen Kreis. Ich hatte einen Oryxbullen ausgemacht und beschlossen, ihn anzupirschen. Also zogen wir zu dritt los, mein spanischer Gast, mein Fährtenleser und ich, der Rest der Mannschaft blieb auf dem Pick-up sitzen. Die Jagd selbst war kein großes Kunststück. Wir hatten uns kaum 50 Meter vom Auto entfernt, da kam mein Gast vom Dreibein aus zu Schuss, und der Bulle brach schlagartig zusammen. Ich vermutete einen Treffer der Wirbelsäule. Mit einem Blatt- oder Herzschuss flüchtet dieses harte Wild meistens noch 20, 30 oder mehr Meter. Die anderen Spanier, die auf dem Pick-up warteten, hatten alles aus sicherer Entfernung beobachtet.

Der Rest des Rudels war abgesprungen. Ich war sicher, der Bulle würde jeden Augenblick hochwerden, drängte zu einem zweiten Schuss, und wir pirschten vorsichtig näher. Spanier führen auf der Jagd ein riesiges Messer bei sich, und ich merkte, dass mein Gast keinen Fangschuss anbringen wollte, weil uns seine Kameraden beobachteten. Die kamen nun schnell zu uns, und ich drängte: „Schießen, schießen!", aber die begeisterte Horde rief: „Cuchillo, cuchillo!" Der Schütze zückte also sein „cuchillo", ich hatte höllische Angst und mahnte ihn eindringlich zu äußerster Vorsicht, aber seine Kumpel, am schlimmsten waren die Frauen, feuerten ihn immer lauter an, ein grauenvolles Durcheinander. Der Schütze wurde immer nervöser. Ich forderte ihn wieder und wieder auf, zu schießen. Kommt die Oryx hoch, stürmt auf dich zu, hast du verloren", warnte ich. Ich wusste ja nicht, wo genau der Bulle getroffen war. Der Spanier nahm meine Bedenken aber nicht wahr und näherte sich vorsichtig dem Bullen von hinten. Der drehte den Kopf ständig zu seinem Verfolger und ließ ihn nicht aus den Augen respektive Lichtern. Der Spanier gab nicht auf und kam dem Bullen mehrfach beängstigend nahe. Der schlug so wild mit seinen Hörnern, dass sich auch die anderen Jagdgäste erschraken. Wenn eine Oryx angeschossen und geschwächt ist und auch vermutlich unsägliche Schmerzen hat, ist ihr Reaktionsvermögen immer noch phänomenal. Dieser Bulle kam zwar nicht mehr hoch, doch dem Schützen wurde allmählich bewusst, dass er sich in Lebensgefahr befand. Gottlob feuerten ihn die anderen nicht mehr an. Auch sie hatten endlich die große Gefahr, der ihr tapferer Waidgenosse ausgesetzt war, erkannt.

Ich stand mit entsicherter Waffe hinter ihm und hätte geschossen, auch wenn die Gäste es mir verübelt hätten. Bei ihnen gilt nämlich: Das Wild gehört demjenigen, der als Letzter darauf geschossen hat. Ich wusste von den Spaniern, dass ein Jagdführer auch bei schlechten Schüssen eines Gastes keinesfalls nachschießen darf. Sie würden an der Trophäe keine Freude haben können. Im Gegensatz zu deutschen Jägern, bei denen der erste tödliche Schuss gilt. Für sie ist der Schütze, der diesen tödlichen Schuss abgegeben hat, berechtigt, das Wild für sich zu beanspruchen, auch wenn das Stück erst nach einer Nachsuche zur Strecke kommt.

Ich habe mehrfach an Monterias teilgenommen. Wenn hier einem Schützen ein bereits tödlich getroffenes Stück kam und er noch einmal darauf schoss, wurde es ihm zugesprochen. In unserem Fall musste der Jäger schließlich gedemütigt aufgeben und einen Fangschuss antragen. Er hatte begriffen, dass eine angeschossene Oryxantilope eine andere Liga ist als auf einer Monteria ein Stück Schwarzwild, das von einer Meute Hunde gebunden wird.

Über Oryxjagden könnte ich tatsächlich stundenlang erzählen, so viel habe ich im Zusammenhang damit erlebt.

Im Krieg, als mein Großvater und mein ältester Onkel wie fast alle Deutschen in Namibia interniert waren, blieben auf den Farmen nur Frauen, schulpflichtige Kinder und Babys zurück. Die Internierungen fanden in den Jahren 1940 bis 1942 (bis nach Stalingrad) statt, in der Regel kamen die Männer erst nach dem Nürnberger Prozess aus den Lagern zurück. Mein Vater, Jahrgang 1926, wurde, weil er noch zur Schule ging, nicht interniert, er war bei Kriegsausbruch gerade erst 16 Jahre alt, und da sein Vater und dessen älterer Bruder ins Lager mussten, war er in den Schulferien auf der Farm für die Versorgung mit Fleisch

verantwortlich. Nun hatte die englische Polizei sämtliche Waffen der deutschen Farmer, sie galten als Feinde, konfisziert. Radios (um Heimatnachrichten zu hören) und Funkgeräte gab es auf den Farmen auch nicht mehr.

Mein Vater hatte auf der Feldschmiede und dem Amboss für sich und seine Arbeiter Pfeilspitzen und Speere geschmiedet, außerdem hatte er eine Meute Hunde gezüchtet, und mit ihnen jagte er Gemsböcke. Die stellten sich nach kurzer Flucht den Hunden, rückseitig mit den Keulen in einem Dorngebüsch oder an einer dicken Akazie Schutz suchend, damit sie nicht von hinten angegriffen werden konnten, und verteidigten sich sehr wehrhaft auch gegen eine kopfstarke Meute. Mancher Hund wurde dabei geforkelt. Auch ich habe noch Oryx mit der Meute gejagt und manchen guten Vierläufer dabei verloren. Heute jagen Wilderer, damit sie sich nicht durch Schüsse verraten, sehr erfolgreich mit Hunden auf Oryxantilopen, vor allem im Schutz der Nacht. Am besten eignen sich Terrier, größere Hunde wie Ridgebacks sind nicht wendig genug.

Mein Vater ging also, wenn der Wind günstig stand, die Oryx, die von den Hunden abgelenkt wurde, von hinten an und fing sie mit der Lanze ab.

Flüchtete die Oryx von Pfeilen oder Speeren verletzt, wurde sie weiter von den Hunden verfolgt, und der Kampf begann aufs Neue, bis sie schließlich erlegt werden konnte. Dann wurde der Esel- oder Maultierkarren angespannt, denn Benzin war auf den Farmen rationiert, man bekam im Monat lediglich fünf Gallonen zugeteilt.

Mein Vater zeigte uns Jungen einmal die Skelette einer Oryx und eines Leoparden. Man konnte einwandfrei nachvollziehen, dass der Leopard die Antilope angesprungen hatte und von ihr mit einem Horn durchbohrt worden war.

Rangeln kommt von Rang – noch ist es mehr spielerisch, aber bald wird es ernst. Zwei junge Oryxbullen messen ihre Stellung im Rudel.

Das Ende mit der blanken Waffe

Jagen mit Saufeder oder Hirschfänger ist in Deutschland verboten, es sei denn, ein Jäger hat auf ein Stück Wild einen schlechten Schuss angetragen und die Hunde haben es gestellt oder es wurde angefahren und muss erlöst werden. Bei uns beherrschen nur noch wenige Jäger den Umgang mit der blanken Waffe.

Ich habe als Hundeführer viel Wild abfangen müssen, vor allem auf großen Gesellschaftsjagden.

Langsam stapfte ich einmal nach dem Ende einer Drückjagd am Rand des Moores entlang, als mich Hundelaut verhoffen ließ, zwei hetzende Hunde im knapp 200 Meter entfernten Erlenwald. Hin und her ging die laute Jagd. Dann gesellte sich eine dritte, tiefere Stimme hinzu, ich beeilte mich, dem Geläut näher zu kommen. Es wechselte in wütendes Gekeife und Gejaule. Aus dem Gewirr von Erlen, Weiden und Schilf drang zwischen giftigem Gewinsel nun auch der dunkle Standlaut meiner Hündin.

Der Wind wehte mir aus dem Bruch entgegen, so konnte ich mich dem wilden Durcheinander in der sumpfigen Wildnis zügig nähern. Nach etwa 200 Metern kam ich zu einem dichten Erlenhorst, aus dem zwei Terrier erschienen. Genauso schnell, wie sie herausgekommen waren, verschwanden sie auch wieder kläffend im Gestrüpp. Am Rande sprang giftig Laut gebend eine Bracke auf und ab. Meine Hündin sah ich nicht, hörte nur ihren regelmäßigen Standlaut.

Die anderen Hunde hatten mich bemerkt, wurden mutiger, stürzten sich mit noch mehr Schneid in das Buschwerk. Ich war knapp 40 Meter von dem Gewirr entfernt, hielt aber die schussbereite Büchse fest umklammert, bereit, einen schnellen Schuss abzugeben.

Als ein Terrier mit hysterischer Stimme in das Gezweig eindrang, erschien ein Überläufer, der Hund jaulte auf, flog ein, zwei Meter durch die Luft, rappelte sich auf und war so schnell wie das Schwein wieder zwischen den Zweigen verschwunden.

Der andere Terrier wollte hinterherstürmen und verbiss sich, als der Überläufer erneut herauspreschte, in dessen linken Teller. Der zweite fuhr der Sau in die Keulen, wurde weggetreten, hing wieder an der Schwarte, fiel zu Boden, ging dem Schwein dann mit noch mehr Energie an den Teller, wurde abermals fortgeschleudert und war augenblicklich wieder an der Sau, während meine Hündin mit lockerem Hals vor dem Spektakel hin und her tänzelte und dem wunden Stück geschickt auswich, als es einen Ausfall gegen sie machte.

Obwohl nur sechs, acht Meter von dem Durcheinander entfernt, war es in diesem Tohuwabohu unmöglich, einen sicheren Fangschuss abzugeben, das kranke Stück mit der Kugel von seinen Leiden zu erlösen, ohne dabei einen Hund zu gefährden.

Ich legte die Büchse auf den Erdboden, zog das Messer aus der Scheide am Gürtel, steckte es in den Stiefelschaft und sprang zu dem Gestrüpp, in das die Sau zurückgeflüchtet war.

Drei, vier Schritte, dann stand ich hinter ihr und konnte einen Hinterlauf greifen. Ein Terrier hing an ihrem Gebrech, der andere war erneut abgeschlagen worden. Ein kurzer Ruck, und das Schwein lag wild schlegelnd am Boden. Mit aller Kraft stieß ich die blanke Klinge bis fast zum Heft hinter das Blatt des Überläufers, kurzes Klagen, das Drama war beendet.

„Was wäre, wenn jeder, der das grüne Abitur bestehen will, vor der Jägerprüfung ein Stück Wild mit der kalten Waffe abfangen müsste?", sinnierte ich. Jagen heißt auch töten. Manchem in sogenannten zivilisierten Ländern würde das Jagdhandwerk gewiss schwer werden, wenn er einer Kreatur Auge in Auge gegenüberstünde und sie mit dem Messer erlösen soll, selbst töten müsste, es nicht der Technik überlassen würde. Auf etwa 70 Meter den Abzug zu betätigen ist einfacher – die Natur kennt diese Überlegungen nicht.

Kampf der Keiler

Warzenschweine werden, in die Enge getrieben, manchmal aggressiv wie das Schwarzwild bei euch in Deutschland. Artgenossen gegenüber sind sie mitunter besonders angriffslustig, und Keiler liefern sich in der Rauschzeit erbitterte Kämpfe.

Während der Rauschzeit führte ich einen älteren Herrn, der fit genug war, eine Leiter zu besteigen, aber keine weiten Fußmärsche unternehmen konnte. Wir pirschten trotzdem in der Frühe los, und als es gegen zehn Uhr heiß wurde, gingen wir zum Engelhardtdamm.

Die Wasserstelle wurde nach einem deutschen Pionier benannt, der sie vor langer Zeit angelegt hatte. Der Bau dauerte über ein Jahr. Damals waren Zugochsen (die beschlagen waren!) seine Helfer, und es war ein sehr mühsames Unterfangen.

In einen der über zehn Meter hohen Windmotoren am Damm hatten meine Leute eine Plattform aus Rundhölzern gebaut, es war nicht einfach, dort hinaufzusteigen, aber der Gast schaffte es, und nun warteten wir auf einen Keiler.

Warzenschweine sind normalerweise nicht schwierig anzupirschen, aber es ist nicht immer einfach, zu Schuss zu kommen, weil sie meistens in Bewegung sind.

Wir hörten schon nach kurzer Zeit, wie ein Keiler die Haderer und Gewehre aneinanderschlug, typische Geräusche in der Rauschzeit. Bei Warzenschweinen zeigen die Waffen, die von beiden Geschlechtern in erheblicher Stärke getragen werden, das genau umgekehrte Stärkeverhältnis als beim europäischen Schwarzwild und anderen Wildschweinarten. Die Haderer sind im Gegensatz zum Schwarzwild wesentlich stärker als die Gewehre ausgebildet und ziehen sich auffällig halbkreisförmig nach außen und aufwärts. Die wirklich beeindruckenden Waffen ragen mitunter wie Bananen aus dem Gebrech, deswegen sprechen wir bei solchen Urianen auch von Bananenkeilern.

Es erschien tatsächlich nach einer Weile ein Keiler aus dem Busch und trottete zur Suhle. Dabei sicherte er immer wieder nach hinten, bis er das Wasser erreichte, sich niederkniete, seinen Wurf in den Schlamm senkte und schöpfte. Die Rauschzeit ist bei uns normalerweise im Juli. Dann ist nicht mehr viel Wasser in den Dämmen, und ist es besonders trocken, ist es ganz versiegt. Wir aber hatten Glück – die Silhouette des Keilers spiegelte sich in der milchig-trüben Brühe deutlich gegen den wolkenlosen blauen Himmel wider. Das von der trüben Wasserfläche reflektierte Gewaff leuchtete hell, fast weiß. Und da näherte sich aus dem verdorrten Busch ein weiterer Wildkörper. Dessen Farbe und Silhouette hoben sich kaum vom Beigebraun des Hintergrunds ab. Nur Bewegungen waren auszumachen, die sich schließlich ebenfalls als starker Keiler entpuppten. Er hielt allerdings respektvoll Abstand zum ersten. Wahrscheinlich hatten die beiden in der Vergangenheit schon einige Kämpfe ausgefochten. Der erste Keiler suhlte genüsslich und nahm kaum Notiz von dem Neuankömmling. Keiler an oder in der Suhle zu beobachten ist immer wieder hoch spannend. Sie suchen sich einen Stein, an dem sie sich scheuern, machen dabei die verrücktesten Verrenkungen, um sich an Stellen zu kratzen, die sie nicht erreichen können. Haben sie ihre Körperpflege beendet, traben sie meistens urplötzlich davon. Darauf machte ich den Jagdgast

Warzenschweine kommen mitunter mehrmals täglich an die Wasserstelle, um zu suhlen und zu schöpfen.

aufmerksam. Der Gast war bereit, und während der Knall seiner 8 × 57 in den unendlichen Weiten des Veldes verhallte, brach der Keiler im Feuer zusammen. Daraufhin stürmte der andere in einer Staubwolke vom Waldrand auf den verendeten, aber noch schlegelnden Rivalen zu und bearbeitete ihn mit seinen Waffen, warf ihn in die Höhe, schlitzte ihn mit seinen messerscharfen Gewehren auf, schob ihn mehrere Meter durch den Staub und ließ seine ganze Wut an dem toten Widersacher aus. Es war ein uriges, mitreißendes Naturschauspiel. Dann schob der Basse den über 60 Kilogramm schweren Kadaver in einer Staubwolke mit ungeheurer Kraft über den Sand vor sich her, ich erkannte im Glas eine breite blutige Schleifspur, und stieß ihn vehement an den Rand des Wassers, dass die braune Brühe aufspritzte.

Nun durfte mein Gast noch einen Keiler schießen, und ich forderte ihn auf, auch diesen zu erlegen. Der Schuss fiel, und wir hatten in kurzer Zeit zwei hochkapitale Sauen.

Am selben Wasserloch saß ich einige Jahre später mit Karl, einem anderen Jagdgast aus Deutschland. Er litt an Parkinson und hatte schon mehrmals mit mir auf Schönfeld gejagt. Bei seiner letzten Jagd war sein Körper bereits schwer von der unheilbaren Krankheit gezeichnet. Mit ihm zu pirschen war deshalb wenig Erfolg versprechend, und wir setzten uns an die Tränke, um auf Warzenschweine zu passen.

Rechts von uns hatten Siedelweber ein riesiges Nest in eine Akazie gebaut. Zwei Rosenpapageien teilten sich die Behausung mit den geselligen Vögeln, die dafür bekannt sind, dass sie große, bis zu einer Tonne schwere Gemeinschaftsnester für die ganze Kolonie bauen, und beobachteten uns von der obersten Spitze des stacheligen Baumes. Mit ihren roten Köpfen und dem grünen Rumpf eine farbenfrohe Gruppe bildend, saßen die hübschen Vögel einträchtig nebeneinander. Wie treffend: In englischer Sprache heißen sie „Lovebirds".

Mehrere Perlhühner trippelten zum Wasser. Als sie genug gestritten und getrunken hatten, marschierten sie davon, sechs Frankoline sorgten für Abwechslung, und dann erschien ein respektabler Keiler. Selbst die im Vergleich zu den gewaltigen Haderern schwächeren Gewehre ragten weit aus dem Wurf heraus.

Karl versuchte mit aller Gewalt ruhig zu bleiben, erfolglos. Er zitterte, und mit ihm bebte die ganze Ansitzeinrichtung. Ich umfasste seine Büchse mit beiden Händen, damit der Lauf nicht gegen den aus Metallrohren geschweißten, termitenfesten Rahmen stieß, und schließlich schafften wir es mit vereinter Kraft: Karl lag im Anschlag, wurde ruhiger und schoss.

Der Keiler zeichnete, trollte aber davon, noch bevor Karl repetiert hatte. Durch mein Glas erkannte ich noch, dass er waidwund getroffen war, dann war er auch schon im grünen Bewuchs verschwunden.

Nach kurzer Wartezeit folgten wir der unübersehbaren Schweißfährte, bis wir nach knapp 500 Metern zu einem schier undurchdringlichen Dornengebüsch kamen. Noch bevor wir überlegten, wie es weitergehen sollte, flüchtete der schwerkranke Keiler auf uns zu. Karl riss die Waffe hoch, schoss, der Rückstoß ließ ihn zwei, drei Schritte nach hinten machen, und er fiel auf den Rücken. Der Keiler war nur noch knapp fünf Meter von uns entfernt, als ich schoss. Während ich repetierte, verendete er drei Schritte vor Karls Füßen.

Ich glaube nicht, dass der Keiler uns annehmen wollte, ich nehme vielmehr an, es war lediglich eine letzte Todesflucht, denn seine Bauchdecke war durch das starke Geschoss weit aufgerissen, nahezu den vollständigen Inhalt des Waidsacks und sämtlicher Därme hatte er auf seiner Flucht verloren. Mühselig kam Karl mit meiner Hilfe wieder auf die Beine und steckte sich überglücklich meinen Bruch an seinen Hut.

Es war Karls letzte Jagd.

Duell der Giganten

Bei uns in Deutschland hat sich Schwarzwild seit einigen Jahren stark vermehrt. Zwar sagt man ihm auch nach, es wäre aggressiv, aber eine gesunde Sau nimmt eher selten einen Menschen an. Der Ausdruck „wehrhaftes Wild", den unsere Vorfahren für das ritterliche Schwarzwild benutzten, bezieht sich eher auf Kämpfe alter Keiler in der Rauschzeit. Einen solchen Kampf habe ich einmal akustisch miterlebt.

Ich war zu einer „Waldschutzjagd" eingeladen. Solche Gesellschaftsjagden werden von naturschutzhörigen Forstbeamten veranstaltet, die es nicht schaffen, den Abschussplan auf waidgerechte Art zu erfüllen. Mitunter nehmen an solchen Schießveranstaltungen über 100 Schützen und zahlreiche Hunde teil.

Kaum hatte mich der Wald in seine Arme genommen, kaum saß ich an einer Dickung auf einem Drückjagdbock und war mit meinen Gedanken allein, wurden sie jäh unterbrochen. Während auf einem der Nachbarstände drei, vier Schüsse fielen, tönte es hinter mir: „Öff! - Öff! - Öff!" Es folgten ein grelles Quieken und scharfes Pusten. Sauen! Heisere Schreie erklangen, laut und durchdringend. Und noch einmal, rauer, röchelnder, furchterregender. Dann herrschte bedrückende Stille. Irgendwo fiel ein weiterer Schuss.

Plötzlich wütendes Grunzen und schrilles Klagen, kein Zweifel, hinter mir kämpften zwei Keiler, hatten, unbeeindruckt von Büchsenschüssen und Hundelaut, im wahrsten Sinne des Wortes zu den Waffen gegriffen. Meine unter der Leiter abgelegte, schwarzwilderprobte Hündin blickte verunsichert zu mir hoch, ich schaute ebenso zu ihr hinunter und richtete die Mündung des Stutzens in die Richtung der „Keilermusik".

Das beeindruckende Konzert schwoll ab, zeugte dann aber noch kraftvoller von dem Überlebenskampf, den derjenige gewänne, der als Besserer aus dem Duell, das für die Fortpflanzung seiner Art seit ewigen Zeiten von der Natur vorgegeben ist, hervorgehen würde.

Erneutes markerschütterndes Kreischen. Es nahm an Lautstärke zu und ging über in helles Quietschen, grelles Geschrei, wie ich es erinnere, wenn in meiner Jugend vor dem alljährlichen Schlachtfest ein Hausschwein abgestochen wurde. Unüberhörbares Stampfen auf den Erdboden, prasselndes Ästeknacken hallte durch den Bestand. Deutlich vernahm ich Schnaufen und Klappern. Die Rivalen wetzten ihre Gewehre. Tiefes, wütendes Brummen, wieder Wetzen der Gewehre, und dann war es erneut beängstigend ruhig. Selbst die wenigen Vogelstimmen verstummten, und auch der leichte Wind schien den Atem vor der unheimlichen Musikkulisse angehalten zu haben.

Gebannt starrte ich auf den Dickungsrand. Da erschien eine Sau, langsam, müde, schwerfällig – krank! Der Wurf war voller Schweiß. Ich erkannte eine weit auseinanderklaffende Wunde, die vom Teller bis fast zum Brustkern reichte.

Kaum hatte das Stück die schützende Deckung verlassen, hatte ich es im vierfachen Absehen, ein einfacher Schuss.

Die Gewehre des Bassen (war er der Sieger oder der Verlierer, war er fünf, sechs Jahre alt oder sogar älter?) – ich hatte sie zurückgelassen. Sie hätten mich stets daran erinnert, dass ich auch für den Abschuss eines todkranken Stückes Wild bei „Waldschutzjagden" auf Naturschutzflächen viel Geld hätte zahlen müssen, so behalte ich das Erlebnis in besserer Erinnerung.

Es ist deprimierend, wie sich die Jagd in Deutschland entwickelt. Es geht nicht immer darum, eine leidende Kreatur zu erlösen, oft steht der Kommerz im Vordergrund. Etwas, was man euch in Namibia, die ihr noch mit und von der Natur lebt, nur schwer vermitteln kann.

In der Kampfbereitschaft unter Artgenossen steht unser Schwarzwild den afrikanischen Warzenschweinen in nichts nach.

Der gefleckte Jäger war schneller

Natürlich haben wir Farmer zeitweise auch Probleme mit unseren Wildbeständen. Vor allem, wenn sie überhandnehmen, müssen wir sie managen, wie man dies auch bei uns neuerdings statt hegen nennt, aber Auswüchse wie in Deutschland, ich lese darüber viel in der Jagdpresse, gibt es in dem Maße bei uns kaum.

Wir jagten in der Nähe von Gobabis am Rande der Kalahari auf einer Farm in den letzten Ausläufern der Dünen, wo es neben Kudus vor allem Springböcke und Hartebeest gibt. Das Gelände dort ist flach, typisch sind die Fahlbüsche, Akazien und vor allem Kameldornbäume, deren Früchte gerne vom Wild aufgenommen werden. Sonst gibt es wenig Deckung. Springböcke und Hartebeest halten sich meistens auf den offenen Flächen auf.

Wir pirschten in Deckung einer flachen Düne und hofften, dass auf der anderen Seite Wild stehen würde. Immer wieder lugten wir über den Kamm, bis wir in weiter Ferne ein einzelnes Stück ausmachten. Wie es sich in dieser Gegend bewährt hat, schätzten wir die Entfernung, zogen uns zurück und krochen im Schutz der Düne weiter, bis wir uns auf gleicher Höhe mit dem Wild glaubten. Als wir bei der glühenden Hitze die Distanz von ungefähr 500 Metern bewältigt hatten, stiegen wir vorsichtig wieder den mit spärlichem Gras bewachsenen Hügel empor, mussten aber noch zweimal umkehren, weil wir uns in der Distanz getäuscht hatten. Als wir dann wieder auf allen vieren in dem tiefen Sand hochkrabbelten, gab uns ein Busch notdürftig Deckung, und wir erblickten einen einzelnen, sehr guten Springbock, der starr in die entgegengesetzte Richtung von uns sicherte. Minutenlang verhoffte er bewegungslos. Was ihn so faszinierte, konnten wir nicht ausmachen. Also robbten wir näher, keine Schwierigkeit, denn der Bock war abgelenkt und nahm uns nicht wahr.

Schließlich kamen wir an einen weiteren Busch und nutzten die Schattenseite, um unsere Silhouetten mit dem Schattenwurf des Busches verschwimmen zu lassen und es damit dem Wild zu erschweren, uns klar wahrzunehmen. Ganz behutsam, Millimeter um Millimeter richteten wir uns auf, ja nicht zu hoch, sonst wären wir bemerkt worden. Der Springbock stand weiterhin starr wie ein Denkmal, und ich gab ihn meinem Jagdgast frei. Der rutschte nach links, dann umständlich nach rechts, und als er endlich bereit zum Schuss war, sprang wie aus dem Nichts ein Gepard auf den Springbock zu. Die Gazelle machte eine kurze Flucht, der Gepard folgte, erreichte sie, griff sie an der Keule, sprang nach vorn und packte sie am Träger. Beide Wildkörper wirbelten durcheinander, bis die Katze den Springbock mit einem Kehlbiss tötete. Wildes Schlegeln, wie berauscht stand der Gepard auf dem Stück und ruhte dann erschöpft neben seinem Opfer. Nach einer ganzen

Leoparden lassen sich mit einem Köder ankirren, Geparden hingegen nehmen nur Frischfleisch.

Die in fast ganz Namibia vorkommende Weißdorn-Akazie bietet dem Wild trotz ihrer harten Dornen willkommene Äsung, in erster Linie Kudus und Giraffen.

Weile erhob er sich und musterte sein Umfeld, als suchte er einen Baum, unter den er seine Beute in den Schatten schleppen könnte.

In diesem Augenblick schoss mein Gast. Später erbat er sich die starke Trophäe des Springbockes, die ja nicht er, sondern der Gepard erbeutet hatte, und heute ziert ein meisterhaft präpariertes, beeindruckendes Stillleben sein Jagdzimmer in Deutschland.

Die Wüste lebt

Als Berufsjäger ist man ja in erster Linie bemüht, seinen Jagdgästen zu einer guten Trophäe zu verhelfen. Bei mir zu Hause hängen allerdings auch Trophäen, die ich selbst erbeutet habe. Eine davon ist ein hochkapitaler Springbock.

Im Damaraland gibt es riesige Gebiete, deren Jagdrechte im Regelfall für vier oder fünf Jahre an den Höchstbietenden versteigert werden. Das erbeutete Fleisch muss an Hegegemeinschaften, sogenannte Conservancys, abgeliefert werden, die es dann an Schulen, Altenheime oder Gefängnisse weitergeben. Die Jagdeinnahmen werden ebenfalls unter den Bewohnern der Gemeinschaft aufgeteilt.

Der Inhaber einer dieser Konzessionen suchte einst für einen seiner Gäste einen Dikdik-Abschuss.

In Namibia gibt es vier kleine Antilopen: Steinböckchen, Klippspringer, Kronenducker und Dikdik, auch Blauböckchen genannt. Wir nennen sie die „small four".

Das Damara-Dikdik, die kleinste namibische Antilope, ist selten und lebt als endemische Art nur in wenigen Gebieten Namibias.

Dieser Mann war schon des Öfteren bei mir auf Schönfeld, um mit seinen Jagdgästen Dikdiks zu schießen. Im Gegenzug fuhr ich mit meinen Leuten, vor allem mit denen, die es ablehnten, in Zäunen zu jagen, auch wenn das Gatter noch so groß ist, zu ihm ins Damaraland. Er jagte also bei mir Dikdiks, und ich hatte das Glück, im Gegenzug bei ihm im Damaraland Springböcke zu jagen, die dort besonders stark sind.

Ein Jäger aus dem Sauerland, er war mit seiner Frau und seinem Sohn schon mehrmals bei mir zur Jagd gewesen, wollte nun mit mir in der Wüste jagen. Wir packten eine umfangreiche Safariausrüstung zusammen – Zelte, große Sonnensegel, umfangreiche Kochutensilien, Feuerholz, Gasbrenner, Benzinkanister, Wasserbehälter, damit wir duschen konnten –, und ab ging die Post.

Wegen der Löwen schliefen wir auf Feldbetten dicht am Feuer, hatten eine großartige Zeit, jagten auf Bergzebras, starke Kudubullen, gute Oryx, Strauße und vor allem eben auf kapitale Damaraland-Springböcke.

Außerdem beobachteten wir Wüstenelefanten und Spitzmaulnashörner. Den Besucher des Damaralandes erwartet eine beeindruckende Landschaft. Tafelberge vulkanischen Ursprungs, Flusslava, Basalt, Euphorbien, Flaschenbäume, Aloen, Mopanebäume, eine Gegend nicht nur für den Jäger reizvoll, auch für andere Naturliebhaber und natürlich für jeden Fotografen. Man findet Achate, unterschiedliche Kristalle und zahlreiche andere wunderschöne Steine.

Die Landschaft ist weitestgehend deckungslos, es wachsen lediglich weit verstreut einzelne Euphorbien, in deren Schutz man die Territorialböcke anpirschen kann, aber das ist wahnsinnig anstrengend.

Der Wind weht meistens vom Atlantik her, also von Westen, dreht aber manchmal unverhofft und kommt dann aus der entgegengesetzten Richtung, also von Osten, vom Inland her, und macht alle Pläne zunichte. Die Deckung ist rar, man muss sich vor Beginn der Pirsch deshalb eine genaue Strategie zurechtlegen.

Mein Gast schoss schon bald einen guten Springbock. Ein Horn war über 40 Zentimeter lang. Dann versuchten wir unser Glück auf ein Bergzebra und stießen dabei auf einen weitaus stärkeren Springbock mit einer gewaltigen Auslage. Ich hatte einen so Hochkapitalen vorher noch nie gesehen und forderte meinen Gast, der Lizenzen für zwei Abschüsse gelöst hatte, auf, diesen starken Bock ebenfalls zu erlegen. Doch der war noch so beeindruckt respektive ergriffen von der starken Trophäe, die er kurz zuvor erbeutet hatte, dass er ablehnte, und nun war er es, der mich aufforderte zu schießen. Gesagt, getan. Mühselig von Euphorbie zu Euphorbie robbend, ich führte die Waffe meines Gastes, krochen wir auf den Bock zu. Es war in der deckungslosen Wüste unvorstellbar anstrengend. Die Sonne steil über uns brannte unbarmherzig. Dornen und spitze Steine bohrten sich in unsere Knie und Handflächen. Was an unseren Körpern wehtun konnte, schmerzte. Wir verspürten quälenden Durst, griffen immer öfter zur Flasche und tranken in gierigen Zügen vom warmen, fade schmeckenden Nass. Die sengende Sonne und die flirrende heiße Luft wurden fast unerträglich. Sollten wir aufgeben, uns ausruhen? Auf keinen Fall! Nur nicht schlappmachen, weiter, weiter. Die ganze Tortur, bis wir auf Schussdistanz herankamen, dauerte fast eine Stunde.

Der Bock, dessen Trophäe mit über 45 Zentimetern Hornlänge heute in meiner Bar hängt, rangierte lange Zeit unter den Top Ten von Namibia. Mein Gast freute sich fast noch mehr über unsere gemeinsamen Erfolge als ich. Seine Frau war vom Leben in der Wildnis weniger angetan, und daher fuhren wir anschließend an den Atlantik zum Angeln.

Sich nach stundenlanger kräftezehrender Pirsch in deckungslosem Gelände ohne Wasser und Schatten einen reifen Springbock zu erarbeiten bedeutet höchste jagdliche Befriedigung.

Noch ein genügsamer Wüstenbewohner: Morgensterne sind die ersten Pflanzen, die nach langer Dürrezeit aus dem Boden sprießen. Ihre Blüten liefern dem Wild rund drei Monate lang energiereiche Äsung, und die Samen helfen vor allem den Hühnervögeln das ganze Jahr hindurch, in dem kargen Lebensraum zu überleben.

Tod im Maisfeld

Besondere Landschaften verlangen besondere Jagdstrategien. Hier in Namibia muss sich der Jäger in der Wüste auf eine deckungslose Landschaft und weite Schüsse einstellen, bei uns nehmen die Maisfelder immer mehr zu, und wer dort jagt, muss oft auf kurze Distanz schießen. Das Problem ist nicht zu wenig, sondern zu viel Deckung, aber mit Geschick und viel Zeit kann man auch in den riesigen Maisdschungeln erfolgreich Schwarzwild bejagen.

Als ich Hund und Auto verließ, wehte es stramm von Osten her. Mir war vorgegeben, von wo aus ich in den grünen Urwald eindringen würde, und dass durch den Wind Bewegung durch die langen Blätter der Maisstauden fächelte, es leise rauschte, war ein weiterer Vorteil für mich, als ich den arg zu Schaden gehenden Sauen, „den Erzfeinden der Kultur", wie Johann Wolfgang von Goethe die Schwarzkittel einst bezeichnete, auf die Schwarte rücken wollte.

60, 70 Reihen querte ich, bis ich auf eine Fläche stieß, wo die Sauen gewütet hatten. Stauden lagen platt getreten am Boden, daneben angebissene, angefaulte Kolben und goldgelbe Körner.

Vorsichtig setzte ich mich auf den Hosenboden und spürte die Feuchtigkeit unangenehm bis zu meinem Allerwertesten dringen. Doch so angestrengt ich auch lauschte, nur monotones Raunen und Rascheln der zitternden Maispflanzen war zu hören. Im Zeitlupentempo kroch ich zwischen den Saatreihen Richtung Westen. Der Wind verschluckte die Geräusche, wenn meine Tarnkleidung an den Blättern und Halmen entlangstreifte.

Dann konzentrierte ich mich erneut auf den Erdboden, ging in die Hocke und starrte minutenlang gegen eine grünbraune Wand.

In der nassen Erde standen zahllose Schwarzwildfährten, Spuren und Geläufe. In weitem Umkreis waren die Maisschläge die einzige Deckung für das Wild, bis auch sie in wenigen Tagen gemäht, die Stoppeln von Grubbern begraben würden und die Feldflur wieder kahl daläge, deckungslos, so weit das Auge reicht.

Vorsichtig kroch ich vier Reihen weiter, lauschte, aber weiterhin nur eintöniges Rascheln, nichts, was auf Sauen hindeutete.

Einige Sonnenstrahlen fanden ihren Weg durch das grüne Gewirr bis auf den Boden, ließen rötlich schimmernde Strünke, braune Kolben mit schwarzen Haarbüscheln und länglich grüne Blätter aufleuchten, bevor sich die Sonne wieder hinter dichten Wolken verbarg.

Nach meiner Schätzung war ich bis in die Mitte des Feldes vorgedrungen, als ich erneut auf eine Schadfläche stieß, mich auf den Boden setzte, wartete und versuchte Wild auszumachen.

Schließlich legte ich mich flach auf die Erde, so konnte ich unter dem Gewirr der Blätter einige Meter weiter sehen, und verharrte bewegungslos in der Einsamkeit aus grünbraunen Blättern und Stängeln. Ein Marienkäfer schien außer mir das einzige Lebewesen im näheren Umkreis zu sein.

Eine halbe Stunde mag ich regungslos gelegen und versucht haben, neben dem gleichförmigen Knistern andere Geräusche zu vernehmen, als sich rechts etwas bewegte, sich anders als die unruhig hin und her wogenden Halme und Blätter regte, und dann machte ich etwas Dunkles aus, das im Halbkreis näherkam. Offenbar eine Sau, die vertraut auf mich zuzog. Ich erkannte zwei Läufe, darüber eine dunkle Silhouette, die zu einem Schwein hätte passen können. Doch schon war das Phantom wieder fort.

Behielt es die Richtung bei, müsste es nach etwa 30 Metern die Reihe, in der ich mich aufgesetzt

Während der Ernte an einem Maisacker auf Schwarzwild zu warten ist eher Wildmanagement als anspruchsvolles Jagen.

hatte, queren. Aber die Zwischenräume der Pflanzreihen sind schmal. Auch wenn die Sau verhoffen würde, wäre Ansprechen problematisch. Meine Bedenken verflogen, als hinter mir Quietschen ertönte.

Schwarzwildwitterung wehte mir in die Nase.

Behutsam bog ich einige starke Maisstangen zur Seite. Meine Vorsicht war unnötig, der Wind verschluckte fast alle Geräusche.

Plötzlich wuselte ein undefinierbares braunes Gebilde auf mich zu, das sich beim Näherkommen als Trupp von drei Frischlingen entpuppte. Deutlich konnte ich an der Unterhaltung des Trios teilnehmen. Zufriedenes Grunzen verriet, dass es sich im Maisfeld sicher fühlte.

Da flüchtete einer laut quietschend fort, verhoffte mehrere Reihen weiter, aber so verdeckt, dass ein Schuss unverantwortlich gewesen wäre.

Ein weiterer Kujel erschien und zog, den Wurf tief am Boden, zu mir her.

Bevor er in die Reihe wechselte, in der ich gebannt mit angehaltenem Atem saß, die Büchse im Anschlag, verschwand er und sorgte dafür, dass sich meine Spannung wieder löste.

Während die anderen fortzogen, ich sie nur noch schemenhaft erahnen konnte, bis sie von dem grünen Gewirr aus Blättern, Rispen und Stängeln vollständig verschluckt wurden, kam Frischling Nummer vier leise grunzend zurück. Kurz stand er frei vor der grünen Wand, doch der Stachel der Optik konnte kein klares Ziel erfassen, dann war der Spuk wieder im Schutz der Blätter verschwunden.

Behutsam kroch ich nach rechts, um die Sau vier Reihen weiter zu erwarten. Sie kam näher, nur als Schemen zu erkennen. Die Büchse längst im Anschlag, tastete sich mein Zeigefinger an den Abzug, und als der Frischling meine Reihe passieren wollte, mäuselte ich. Im selben Moment verließ das 8 × 57 Geschoss „mit Pulverrauch und Donnerhall" den Lauf.

Wie vom Blitz getroffen brach die etwa 25 Kilogramm schwere Sau knapp 20 Meter vor mir zusammen, nur noch das Rascheln der Maishalme im Wind war zu hören.

Zwei Wochen später umkreisten riesige Mähdrescher, gefolgt von Traktoren mit Anhängern, die großen Schläge. Stunde um Stunde rollten sie mit ohrenbetäubendem Lärm in einer großen Staubwolke um die Felder herum und brachten die Ernte ein. Rings um den Schlag standen Jäger in roten Warnwesten, um ebenfalls zu ernten.

Wie viel spannender war die stundenlange Kriecherei auf allen vieren im Vergleich zu dem stupiden Warten am Ackerrand, bis die Sauen schließlich in kopfloser Flucht ihre Deckung vor dem riesigen Mähdrescher verlassen müssen – der Moment, in dem lediglich Schießkünste statt Jagdverstand gefordert sind.

Nachsuche auf „fliegende“ Leoparden

Als ich Schönfeld zu einer Gästefarm aus- und umbaute, noch keine Wildfarm betrieb, hatte ich unter meinen Viehbeständen beträchtliche Verluste durch Leoparden und musste so einige schießen.

Ich glaube, es war im Winter, genauer im Februar, als wieder einer von ihnen sein Unwesen auf meiner Farm trieb.

Kam abends eine Kuh mit dickem Euter auf den Hof zurück, hatte also gekalbt, sperrten wir sie in den Stall, verfolgten am nächsten Morgen ihre Spur zurück und sammelten das Kalb im Busch ein. Einmal kamen wir zu spät, ein Leopard hatte es sich bereits gegriffen. Kanneman, von ihm habe ich dir ja schon erzählt, war der Spur im Sattel gefolgt und kam mit schweißnassem Pferd zurückgaloppiert. Er hatte beobachtet, wie der Leopard mit dem Kalb über den hohen Zaun gesprungen war und in einem Dickicht auf der anderen Seite zu fressen begann. Als Kanneman sich an den Zaun stellte und lauschte, flüchtete der Leopard in eine gewaltige Formation aus Granitfelsen. Wir ritten sofort dorthin und entdeckten den Kuder, der sich flach auf den Boden drückte. Ich hätte ihn wahrscheinlich gar nicht bemerkt, aber Kanneman war ja ein ausgezeichneter Spurenleser, später übrigens auch Berufsjäger, sah den Kopf bzw. die Gehöre der starken Raubkatze. Auf jeden Fall sprang der Leopard auf, es war ein verdammt weiter Schuss, und ich kam ziemlich tief ab. Der Kuder brüllte auf, stürzte von den Felsen und war verschwunden. Ich hatte keinen Knochen getroffen, das konnte ich beobachten, als er elegant alle vier Läufe aufsetzte und die riesigen Granitblöcke hinaufflüchtete. Schweiß fanden wir genügend. Nun ist mit einem verwundeten Leoparden nicht zu spaßen. Er zählt zu den gefährlichsten Wildarten Afrikas. Wir wagten nicht, die Verfolgung sofort aufzunehmen, sondern holten zur Verstärkung meinen jüngsten Bruder Helmut. Er war damals 18 oder 19 Jahre alt. Jeder von uns dreien trug eine Waffe. Außerdem begleiteten uns zwei Farmangestellte, einer trug eine Flinte, der andere eine Machete. Kanneman ging, die Waffe im Voranschlag, voran. Helmut und ich deckten ihn links und rechts, und wieder war es unser schwarzer Spurenleser, der den Leoparden zuerst entdeckte. Er lag im Schatten, lugte aus einer Höhle, und man konnte nur die obere Hälfte seines Kopfes sehen. Wir legten uns sofort flach auf den Boden und schossen auf Kommando. Der Kopf war augenblicklich verschwunden. Da wir nicht wussten, ob die große Katze tödlich getroffen und bereits verendet war oder noch lebte, schlichen wir vorsichtig zum Höhleneingang und warfen, als wir nichts Auffälliges feststellten, Steine hinein. Keine Reaktion. Einer der beiden Farmangestellten schoss mit der Flinte in das Loch, alles blieb ruhig. Wir waren ratlos und schlichen noch näher. Irgendwo musste der Leopard ja sein. Wir untersuchten jedes größere Loch, spähten hinter jeden Felsen, ohne Erfolg, die Katze war wie vom Erdboden verschluckt. Schließlich fand ich eine weitere große Öffnung und kroch hinein. Nach zwei oder drei Metern kam ich an eine Biegung, konnte, weil ich in dem engen Gang auf allen vieren weiterkriechen musste, meine Mauser nur mit einer Hand halten. Das war äußerst gefährlich und im höchsten Maße leichtsinnig. Ich robbte um die Kurve, die Sonne schien durch einen schmalen Schlitz von oben in die Höhle, und dann sackte mein Herz fast in die Hose. Ich glotzte dem Leoparden direkt in die Augen. Diesen Blick des todkranken Leoparden in der Höhle werde ich in meinem Leben nicht vergessen. Er grollte auf, fletschte die Zähne, sein Fang war dicht vor meinem Gesicht, grunzte und fauchte wild, und ich trat – wie, weiß ich heute nicht mehr – den Rückweg an. Ich hätte in der liegenden Position nicht schießen können. In den Augen des todkranken Tieres hatte ich Fieber gesehen, habe ja schließlich schon so manchem angeschossenen Leoparden gegenübergestanden und kannte diesen Blick, kurz bevor die Katze ihren Verfolger anspringt. Als ich den Ausgang erreichte, sprang ich auf die Füße, behielt mein Gewehr im Anschlag und wartete, dass mich der Leopard verfolgen würde, er erschien aber nicht.

Die anderen Jäger waren herbeigeeilt. Kanneman und ich knieten schussbereit vor dem Höhleneingang. Helmut schlich zu dem Schlitz, durch den die Sonne in die Höhle geschienen hatte, erkannte tatsächlich ein kleines Stück des Leopardenhalses, konnte aber nicht dorthin schießen, weil der Spalt zu eng war, und schoss auf gut Glück in die Richtung. Der Leopard verschwand. Wir warteten weiter. Es war eine unheimliche Stimmung. Kein Geräusch, kein Stöhnen, kein schweres Atmen. Schließlich warfen wir wieder Steine in die Höhle. Es blieb ruhig. Irgendwann holten wir die Hunde. Ein Terrier kroch in den Schlitz, durch den der Leopard zuletzt gesehen worden war, kam aber sofort wieder zurück. Wir warteten und warteten, bis ich mich noch einmal auf allen vieren in die enge Höhle wagte. Diesmal nahm ich die 12er-Schrotflinte mit. Posten oder grobe Schrote hatten wir damals nicht, lediglich die Schrotgrößen, die wir für Perlhühner oder kleineres Wild verwendeten. Sollte der Leopard mich annehmen, wollte ich beide Abzüge gleichzeitig abdrücken. Aber dazu kam es nicht. Er lag verendet am Ende der Höhle. Helmut hatte ihm ins Genick geschossen. Große Erleichterung.

Als wir mit dem riesigen Leoparden, ein mächtiger, weit über 80 Kilogramm schwerer Kuder, zur Farm zurückkamen, erwartete uns der Direktor der Filiale einer großen deutschen Bank in Windhuk, der mich besuchen wollte. Er war selbst Jäger und überwältigt von den Ausmaßen der großen Katze. Ich war noch ein junger Farmer, musste meinen Betrieb aufbauen und brauchte Geld. Vielleicht liegt die Decke des starken Leoparden heute ja immer noch irgendwo in der Vorstandsetage dieser Bank in Deutschland.

Von einem tragischen Unfall in der Nähe von Otavi will ich dir auch noch erzählen. Ein befreundeter Farmer, wenige Jahre jünger als ich, hat auf der Nachsuche auf einen Leoparden, der im hohen Gras von einem Jagdgast angeschossen worden war, sein Bein verloren. Der Jagdgast schoss dem Farmer, als die Katze über ihm stand, ins Bein. Die Kugel hatte erst den Leoparden durchdrungen und dann den Oberschenkel meines Freundes zertrümmert. Er wurde ins Militärkrankenhaus von Grootfontein gebracht, der Transport dauerte viele Stunden, wo sein Bein amputiert werden musste.

Noch ein „fliegender" Leopard. Ebenfalls im Okongue. Ein schwedischer Gast hatte einen Leoparden angeschossen, und wir holten für die Nachsuche ein paar erfahrene Hunde unseres Nachbarn von der Farm Ondombo. Ich musste dem Mann versprechen, sämtliche Tierarztkosten zu übernehmen, sollte einem der Hunde etwas zustoßen. Außerdem hatte ich eigene Hunde mitgenommen.

Der Leopard war in einem Felskrater verschwunden, wir versuchten ihn herauszudrücken, warfen Steine in das Loch, doch er reagierte nicht. Daraufhin hetzten wir die Hunde hinein, doch bis auf einen kamen sie in panischer Angst sofort zurück.

In Namibia ist zwar das Führen von Faustfeuerwaffen verboten, aber ich führe trotzdem bei Nachsuchen auf Leoparden möglichst meinen Revolver mit. Springt der Leopard den Jäger an, fliegt eine Langwaffe oft aus der Hand, eine Kurzwaffe aber lässt sich auch mit einer Hand bedienen. Wir standen rund um den Krater verteilt. Ein Hund verschwand mit gesträubten Rückenhaaren knurrend erneut im Loch und flog dann wie eine Rakete wieder aus dem Krater heraus. Der Leopard folgte ihm dicht auf den Fersen, hätte in Bruchteilen von Sekunden den Hund gegriffen, wenn wir nicht bereit gewesen wären. Er realisierte augenblicklich, dass wir für ihn eine noch viel größere Gefahr waren, und ließ von dem Hund ab, als er uns eräugte.

Auch in dieser Situation traf mich dieser Raubtierblick, der mir erneut tief durch Mark und Bein ging. Der Kuder duckte sich zwei Meter vor mir zum Sprung, ich stand als Nächster zu ihm genau vor dem Höhleneingang, und mehr reflexartig als nüchtern überlegend zog ich dreimal den Abzug des .38 Special durch. Der Leopard brach vor meinen Fußspitzen zusammen.

Zweimal hatte ich auf diese kurze Entfernung gefehlt. Von den drei Schüssen fand nur einer das Ziel. Die Kugel hatte den Schädel zertrümmert,

Große Erleichterung, wenn der Leopard mit dem ersten Schuss zur Strecke kommt und keine Nachsuche erforderlich wird.

ich hatte wieder einmal großes Glück gehabt. Und der Hund auch.

Mein Sohn Stephan und mein Bruder Friedhelm haben ebenfalls mehrere Leopardennachsuchen nur knapp überlebt. Als bei einer Nachsuche ein Leopard meinen Bruder ansprang, duckte er sich, der Leopard flog über ihn hinweg, kratzte ihm aber noch die Schädeldecke auf, wendete und griff erneut an. Dabei konnte ihn einer der anderen Jäger erlegen. Mein Bruder stand damals unter Schock, konnte sich direkt nach dem Angriff kaum bewegen, und seine Wunden mussten im Krankenhaus unter schwierigen Bedingungen genäht werden.

Ich habe im Laufe meines Lebens etliche Leoparden geschossen und sehr viele nachgesucht. Im Vergleich dazu ist eine Löwenjagd eher einfach. Angeschweißte Büffel, vor allem aber Leoparden sind die gefährlichsten der sogenannten Big Five.

Der Bock, der aus dem Dschungel kam

In Deutschland ist die Jagd ja in der Regel nicht mehr lebensgefährlich. Ich erinnere zwar kritische Situationen als Schweißhundführer, habe auf Nachsuchen spannendere Begegnungen gehabt als auf „normalen" Jagden, aber sie glichen, im Vergleich zu Leopardennachsuchen, dann doch eher einem gemütlichen Spaziergang. Allerdings kann auch ein Reh einem das Leben schwer machen. Ich denke dabei an eine Suche, bei der mich ein Bock annahm, der wie Zieten aus dem Busch plötzlich über mir war.

Am Anschuss fand ich weder Schweiß noch Knochensplitter, nicht einmal Schnitthaar. Ich ließ meine Hündin Diva am langen Riemen suchen. Sie drängte in einen angrenzenden Weizenschlag, wurde heftiger, und als ich ihr ungefähr 200 Meter gefolgt war, wurde der Bock vor uns hoch. Nur für wenige Sekunden erschien bei jeder Flucht sein Haupt über den Ähren, zu kurz, um einen sicheren Schuss abzugeben. Ich schnallte Diva, und laut stürmte sie hinter dem Kranken her.

Während ich nach einem Wundbett suchte, hetzte sie bis zum Ende des über 30 Hektar großen Schlages, dann sah und hörte ich sie nicht mehr.

Plötzlich giftiger Standlaut – sie hatte den Bock gestellt. Mein Puls beschleunigte sich auf das Doppelte. Ich raste los, stand schließlich vor einem riesigen Schwarzdornverhau, eilte nach links, fand keine Stelle, an der ich in das dornige Gezweig hätte eindringen können, und während Diva wütend Laut gab, lief ich auf die andere Seite des Verhaus. Auch dort: kein Wechsel, kein Pass, um hineinzugelangen.

Unschlüssig starrte ich auf die dichte Wand aus Blättern, Dornen und Zweigen, da entdeckte ich in der naturgewachsenen Barriere einen kleinen Eingang in den verwucherten, sicheren Lebensraum, nicht viel größer als die Röhre eines Fuchsbaus. Ich legte die Büchse, mit der ich unmöglich in das Dornengewirr hätte eindringen können, flach auf den Boden und zwängte mich in den stacheligen Bewuchs hinein.

Diva hatte meine Anwesenheit registriert, schloss ich aus ihrem wilder werdenden Laut. Dem gleichmäßigen Bellen war wütendes Knurren gefolgt. Sie versuchte den Bock niederzuziehen, hatte aber in dem Dickicht Schwierigkeiten.

Wie eine Schlange mühte ich mich in ihre Richtung, Zentimeter für Zentimeter. Zweige hielten mich an Armen, Schultern und am Kopf zurück. Ich kämpfte mit meinem Hut, der bei jeder Vorwärtsbewegung festgekrallt und heruntergerissen wurde, neben, über oder hinter mir hängen blieb, auf die Schulter rutschte oder von einem dornigen Zweig in die Höhe geschnellt wurde. Alle Augenblicke musste ich ihn losreißen, aber er bewahrte mich vor größeren Blessuren auf meinem kahlen Haupt.

Weiter als vier, fünf Meter konnte ich kaum sehen. Ich war erst gut 20 Meter vorgedrungen, versuchte gerade einen Dorn aus der Handfläche zu ziehen, da schlang sich ein zurückschnellender Zweig schmerzvoll um meinen Hals. Kaum hatte ich mich befreit, wurde ich wieder festgehalten. Spitzen bohrten sich tief in meine Jacke, wollten mich mit aller Gewalt hindern, weiter in dieses von Menschen in den letzten Jahrzehnten nicht betretene Schutzgebiet vorzudringen. Links, rechts, oben, unten stachen nadelspitze Dornen in Haut und Kleidung. Doch weiter ging es. Die Hündin verbellte und knurrte abwechselnd.

Nach fünf, sechs mühe- wie schmerzvollen Minuten und doppelt so vielen Metern wollte ich aufgeben, versuchte die grüne Hölle im Rückwärtsgang zu verlassen, es war unmöglich. Ich musste „wenden", ein schier unlösbares Problem.

Da brach der Laut des Hundes ab. Stille. Nur mein Herz hörte ich klopfen. Dann! In dem Halbdunkel ein Schatten. Von einem Herzschlag zum nächsten raste prasselnd etwas Dunkles aus dem Dschungel aus Büschen, Zweigen und Blättern auf mich zu. Ich wälzte mich auf den Rücken, versuchte das Reh mit Beinen und Füßen abzuwehren, da war der Bock über mir, ich spürte einen gewaltigen Schlag an mein Bein. Ausweichen war keinem von uns beiden möglich. Der Raum, umgeben von einer natürlichen, undurchdringlichen Mauer, die zum Nahkampf herausforderte, war wahrlich begrenzt.

Schon hatte ich den Bock im Schwitzkasten. Unglaublich, welche Kräfte in einem mit Adrenalin vollgepumpten Wildkörper stecken, nur mit großer Mühe konnte ich ihn halten. Mit dem rechten Arm den Bock umschlungen, versuchte ich mit der linken Hand mein Messer aus der Hosentasche zu ziehen und musste den Angreifer mit aller Macht meines ganzen Gewichtes zu Boden drücken.
Da war Diva heran, fasste den wild Schlegelnden an der Keule, es gelang mir, den Nicker zu ergreifen und mein Gegenüber abzufangen. Kurzes Klagen, Aufbäumen, dann spürte ich, wie das Leben aus dem Wildkörper wich.

Und noch etwas fühlte ich, als ich mich Zentimeter für Zentimeter aus dem „Dornengefängnis" in die Freiheit arbeitete: Mein rechtes Hosenbein war blutdurchtränkt, der Unterschenkel schmerzte höllisch. Mühsam arbeitete ich mich zurück. Über zwei Stunden hatte die Unternehmung gedauert.

Einen Ein- oder Ausschuss konnte ich beim Bock auf den ersten Blick nicht entdecken, als ich ihn in dem gedämpften Licht abtastete, dafür wusste ich umso besser, wo er mich erwischt hatte. Die Narbe in der Wade und das Loch in meinem Hosenbein erinnern mich noch heute daran.

Von einem Herzschlag zum nächsten flüchtete der Bock unverhofft auf mich zu, war im Nu über mir, und ich fühlte einen gewaltigen Schlag an mein Bein.

Ein Hirsch für den Afrikaner

Durch Hubertus Graf zu Castell-Rüdenhausen hatte ich meinen väterlichen Freund Graf Erbach kennengelernt. Er, auf dessen Besitz ich den kapitalen Eland erlegt hatte, glaubte, ich hätte ihm irrtümlich Geld für zwei starke Bullen überwiesen, und wollte den Betrag nicht annehmen. Ich bestand aber darauf, und als Gegenleistung lud mich der alte Graf dann nach Deutschland auf einen Rothirsch ein.

Ich fuhr im folgenden Jahr erwartungsfroh zur Hirschbrunft in den Odenwald. Dort wurde im Erbacher Forst extra für mich das Zelt aufgeschlagen, in dem bereits der Großvater des jetzt regierenden Grafen auf seinen Jagdzügen in Tansania gewohnt hatte. Mein Freund hatte auf seinen Safaris in Afrika ebenfalls darin übernachtet, und nun durfte ich es benutzen.

Ich hatte mir vom Jagdherrn eine Büchse 8 × 57 geliehen. Mein Vater hatte von seinem Vater, meinem Großvater, als Hochzeitsgeschenk eine Büchse der Firma Mauser aus Oberndorf ebenfalls im Kaliber 8 × 57 bekommen, die ich geerbt habe und in Namibia führe, das Kaliber ist mir also vertraut.

Ich hatte Europa noch nie im September, also im Spätsommer besucht und war begeistert von der faszinierenden Herbststimmung, der unglaublich abwechslungsreichen Laubfärbung und besonders auch von den vielen Steinpilzen und den wunderschön leuchtenden Fliegenpilzen im goldgelben Gras.

Wie auf ein geheimes Zeichen hin begannen, wenn wir auf dem Hochsitz saßen, die Hirsche zu schreien. Mit etwas Fantasie klang es für mich, als hätte ein unsichtbarer Dirigent den Taktstock erhoben. Mir stockte fast der Atem. Ich kannte ja nur die Geräusche im afrikanischen Busch, das Kichern der Hyänen, das Schreien der Affen, das Grollen der Leoparden, das Bellen der Zebras, die schaurig-schöne Musik der afrikanischen Nächte. Röhrende Rothirsche hatte ich nie zuvor vernommen. Es klang für mich wie eine kraftvolle Symphonie, ein Hymnus auf die strotzende Kraft der Schöpfung. Das Brunftkonzert der Hirsche im Odenwald hat mich auf jeden Fall nachhaltig beeindruckt.

Am letzten Abend meines Aufenthalts in Erbach saßen wir voller Hoffnung an einer Suhle. Es herrschte eine wunderbare Stimmung. Als leichte Dunstfäden geisterhaft vor uns hin und her waberten, das Dämmerlicht des Abends dem Dunkel der Nacht zu weichen begann, trat auf ungeheuer weite Entfernung ein starker Hirsch aus. Während er majestätisch sein Haupt zurücklegte, einem vermeintlichen Gegner den Kampfruf entgegenrief, sprach ihn mein Begleiter an, ich ging in Anschlag, und kurz darauf brach der Recke nach wenigen Fluchten zusammen. Lange stand ich dann mit pochendem Herzschlag neben meinem ersten erlegten Rothirsch. Es war ein weiterer Höhepunkt in meinem Jägerleben.

Sehr eindrucksvoll war für mich auch die Bergung. Der Kapitale wurde, wie vor 100 Jahren, mit Leiterwagen und Pferdegespann aus dem Wald gefahren und am nächsten Morgen vorm Schloss nach alter Tradition auf einem Eichenbett feierlich von den Forstbeamten verblasen. Ein sehr erhebender Moment, ein bleibendes, tief unter die Haut gehendes, unvergessliches Erlebnis.

Das Geweih dieses kapitalen Hirsches hängt heute direkt neben der Elandtrophäe in meiner Bar.

Ein Exot aus Deutschland im afrikanischen Trophäenraum.

Mein erster Rothirsch

Die Erlegung meines ersten Rothirsches hat mich ebenfalls innerlich sehr berührt. Ich erinnere mich, als sei es gestern gewesen. Damals waren die Hirsche in der Lüneburger Heide längst nicht so stark wie heute, Geweihgewichte über fünf Kilogramm waren eine Sensation.

Nachdem ich gerade 15 Jahre alt war, bekam ich ihn frei. Es durfte maximal ein ungerader Eissprossenzehner sein. Im jugendlichen Übermut stand für mich fest: Achter oder gar Sechser waren tabu.

Als ich dann in den Herbstferien abends aus dem Park des elterlichen Hauses schlich und verhörte, auf dem Wildacker im Moor reger Brunftbetrieb herrschte, war ich überzeugt: Dort schieße ich meinen ersten Hirsch, einen Eissprossenzehner.

Noch im Dunkeln saß ich auf dem „Geheimrat", einer offenen Kanzel am Moor. Vor mir führte ein Rotwildwechsel durch dichten Porst, und ich war sicher, auf ihm würde das Rudel in den Tageseinstand wechseln.

Auf dem Wildacker röhrte ab und an müde ein Hirsch, dann erschallte ein Sprengruf, ein anderer Hirsch wurde vertrieben. Ich wollte den Platzhirsch zum Zustehen bewegen und wurde in der Hoffnung, ein Beihirsch würde folgen, bereits vom Hirschfieber gebeutelt.

Die Muschel an den Lippen, holte ich tief Atem, vor Aufregung brachte ich aber nur einen gräulich krächzenden Schrei heraus. Erschrocken ließ ich die Muschel sinken, da kam aus dem Porst ein missmutiger Trenzer als Antwort auf meine Misstöne.

Ich versuchte es mit Mahnen. Prompt ertönte ein zorniger Schrei, dann herrschte Ruhe. Ich rief nochmals, aber um mich herum blieb es still, bis über dem Wechsel ein Geweih mit auffallend dunklen Achter- oder Zehnerstangen erschien. Es schwebte förmlich über die braunen Porststauden dahin und verschwand im Dunst, bevor ich das Fernglas hochnehmen und den Hirsch ansprechen konnte.

Für mich stand fest, dass ich abends wieder dort ansitzen würde. Da schrie ein anderer Hirsch am Wildacker, wechselte auf demselben Wechsel näher, und ein junger Zwölfer zog mit sechs Stücken Kahlwild vorüber. Kaum waren sie verschwunden, erschien ein Achter. Ich ließ ihn ziehen, war überzeugt, der Hirsch mit den dunklen Stangen würde am Abend erscheinen.

Nachmittags pilgerte ich also erneut zum „Geheimrat", da meldete hinter der Reviergrenze ein Hirsch, aber ich sah an dem Abend keinen Wedel, keinen Pürzel, keinen Spiegel, keine Lunte, nicht einmal eine Blume.

Am nächsten Morgen versuchte ich mein Heil wieder auf dem „Geheimrat" und hatte den Ersehnten vor mir. Linke Stange Eissprossenzehner, rechts sprach ich nach längerem Spekulieren eine Gabelkrone an, oder bildete ich es mir nur ein? Beim Blick durch das Zielfernrohr war die dritte Sprosse plötzlich verschwunden. Wieder nahm ich das Fernglas zu Hilfe, und wieder war da noch ein kleines Ende zu sehen.

Das Spielchen „Gläschen wechsele dich“ wiederholte sich. Im starken Doppelglas erschien eine Dreier-, durch die vierfache Zieloptik eine Gabelkrone. Äugte mein Gegenüber zu mir her, glaubte ich eine Gabel zu erkennen, wandte sich der Hirsch ab, offenbarte die Stange eine kurze Krone.

Der Brunftkampf zweier gleich starker Hirsche war ein Geplänkel im Vergleich zu dem Kampf, der nun in mir tobte.

„Sein oder nicht sein?“, sagte angeblich Hamlet. Schießen oder schonen? „Gerade oder ungerade?“, grübelte ich. Sollte ich einfach so tun, als hätte ich das entscheidende Ende nicht bemerkt? Es würde allerdings ziemlichen Ärger mit unserem Wildmeister und der Jagdbehörde geben, wenn der Hirsch ein Ende zu viel hätte.

Da schreckte ein Tier in meine Überlegungen hinein, der Hirsch sprang ab und nahm mir die Entscheidung ab.

Vier weitere Ansitze verbrachte ich auf dem „Geheimrat“. Rotwild ließ sich weder blicken noch vernehmen. Am Nachmittag meines letzten Ferientages rief im Moor der junge Zwölfer wieder ohne Pause. Offenbar hatte er Mühe, einen Beihirsch vom Rudel fernzuhalten. Die für mich letzte Chance, los ging's! Ohne Probleme pirschte ich geradewegs auf das Orgelkonzert zu.

Als ich einen suchenden Hirsch markierte, kam zornige Antwort. Vorsichtig schlich ich hinter eine buschige Kiefer und schmetterte inbrünstig den Kampfruf ins Moor hinaus. Sofort reagierte mein Gegenüber, und dann prasselte es auf mich zu: Der Hirsch trieb, ob ein Tier oder einen Rivalen konnte ich nicht ausmachen, in meine Richtung. Ich verharrte geduckt hinter der Kiefer. Stille. Der Wind wehte mir Brunftwitterung entgegen, dann polterten zwei Wildkörper durch den lichten Bestand. Der Zwölfer brachte einen geringen Gabler auf Trab. Noch einmal schrie ich aus Leibeskräften, der Platzhirsch verhoffte etwa 20 Gänge entfernt, der Jüngling gut 30 Schritte vor ihm. Ich strich an meinem Zielstock an, schoss, und im Knall zeichnete der junge Hirsch mit einer hohen Flucht und stürmte auf mich zu. Wie betäubt vergaß ich zu repetieren, wollte davonrennen, doch nach fünf oder zehn Fluchten brach der junge Hirsch gut 20 Meter vor mir zusammen.

Es war ein kümmerlicher Gabler mit brandigen Enden, über die unser Wildmeister später großzügig hinwegsah.

In Deutschland ist alles, ja wirklich alles bis ins Letzte organisiert und geregelt. Wenn es um die Länge der Enden eines Rothirschgeweihs geht, entscheiden wenige Zentimeter über Bestrafung oder Freispruch, Glück oder Enttäuschung.

Ich habe in meinem Leben noch viele stärkere Hirsche erlegt, aber mein erster, „nur“ ein junger Gabler, war und ist mein bester.

Mein erster und letzter Elefant

In Namibia gibt es vier unterschiedliche Jagdführerkategorien: Jagdführer, Meisterjagdführer, Berufsjäger und Berufsjäger für Big Game.

Berufsjäger dürfen mit schriftlichem Einverständnis des Landeigentümers, des Farmers bzw. mit der Konzession einer staatlichen oder nicht staatlichen Organisation auf deren Gebiet jagen. Solche Konzessionen - in Zeiten der Apartheid sprachen wir von Reservaten, in denen Häuptlinge regierten - existieren in den Stammesgebieten im Buschmannland, Okavangoland, Ovamboland und in Caprivi, aber auch im Kaokoveld und im Damaraland.

Normalerweise beginnt die Karriere als Jagdführer, das heißt, man darf man nur auf dem Gelände seines Jagdherrn, also eines Farmers, der auf seinem Grundbesitz Trophäenjagd betreibt, agieren. Dort ist man berechtigt, Jagdgäste zu führen, wenn man entsprechende Versicherungen abschließt, Erste-Hilfe-Seminare absolviert und die Unterkünfte registriert sind. Hat man mindestens zwei Jahre als Gehilfe gearbeitet, darf man das Examen als Meisterjagdführer ablegen und sich auf zehn weiteren Farmen registrieren lassen. Nicht jeder Farmer hat auf seinem Gebiet schließlich viele verschiedene Wildarten. Ein Meisterjagdführer darf, um die Angebotspalette für seine Jagdgäste zu erweitern, Verträge auch mit anderen Farmern abschließen.

Der Berufsjäger darf auf x-beliebigen Farmen, Stammesgebieten oder Konzessionen jagen, sofern sie als Jagdgebiete ausgewiesen sind. Schließlich gibt es noch den Berufsjäger mit dem Zusatz „Big Game“, kurz PH (Professionell Hunter), der Gäste auf Elefanten, Büffel, Nashörner und Löwen führen darf. Man spricht von Dangerous Game, gefährlichem oder wehrhaftem Wild. (Auf eine der gefährlichsten Wildarten bei uns, den Leoparden, darf allerdings auch ein Berufsjäger Jagdgäste führen.)

Um als PH zu arbeiten, muss man mindestens zwei Jahre als Assistent in einem Unternehmen gearbeitet haben, das die Elefantenjagd betreibt, oder selbst einen Elefanten geschossen haben. Das heißt, um von der Regierung einen Elefanten frei zu bekommen, muss man sich auf eine Warteliste setzen lassen. Ich musste, nachdem ich mich auf diese Liste setzen ließ, viele Jahre warten. Zweimal hatte ich das Angebot für einen Elefantenabschuss bekommen, war aber durch andere Safaris so eingespannt, dass ich die Termine nicht wahrnehmen konnte.

Einige meiner Berufsjägerkollegen sind, um den Prozess zu beschleunigen, nach Kamerun oder Ostafrika gefahren, um einen Elefanten zu schießen. Ich war aber noch so mit dem Aufbau meines Betriebes beschäftigt, dass ich mir einen Trip ins Ausland nicht leisten konnte.

Endlich - ich hatte gerade meinen 50. Geburtstag gefeiert - bekam ich einen Anruf der Naturschutzbehörde, dass ich auf der Liste nach oben gerutscht sei, ich möge umgehend den für die Vergabe verantwortlichen Naturschutzbeamten in Windhuk anrufen, es bestände die Möglichkeit, einen Problemelefanten in der Gegend von Kamanjab, östlich der Etosha-Pfanne, zu schießen. Weiterhin erfuhr ich, ich müsste noch am selben Tag anreisen und hätte maximal zwei Tage Zeit. Der Bulle hätte drei Zäune, die Wild hindern sollten, das Naturschutzgebiet zu verlassen, mehr als 50-mal niedergetrampelt und hohe Kosten verursacht. Sollte ich die Gelegenheit nicht wahrnehmen, würde ich endgültig von der Liste gestrichen.

Damals hatten wir noch keine Handys. Ich war gerade mit einem Jagdgast unterwegs. Als ich ihm den Fall schilderte, war er bereit, seine gebuchte Safari – er hatte bereits mehrere Stück Wild erlegt – abzubrechen, allerdings unter der Bedingung, mich auf meiner Tour begleiten zu dürfen, obwohl ich ihm eröffnete, wir müssten unter freiem Himmel kampieren, in Schlafsäcken auf dem Boden übernachten, unsere Mahlzeiten am Feuer selbst zubereiten und so weiter.

Wir packten also unsere Siebensachen in den Geländewagen, und los ging's. Sicherheitshalber nahm ich einen meiner Spurenleser mit. Über Outjo fuhren wir nach Okaukuejo, das südliche Lager des Etosha-Nationalparks, um uns bei der Behörde zu melden, und wurden dort bereits sehnlichst erwartet. Man teilte mir einen Naturschutzbeamten zu, der das Gebiet wie seine Hosentasche kannte, und dann düsten wir in den damals für Touristen noch nicht zugänglichen westlichen Teil des Parks. Heute steht dort eine Touristenunterkunft, das Dolomite Camp. Das Gebiet ist ziemlich hügelig, vorherrschend ist dort Dolomitgestein, das dem Lager seinen Namen gab. In der Nachbarschaft hatten sich schwarze Farmer angesiedelt, und es gab eine fast trockene Wasserstelle sowie eine mit Staatsmitteln erbaute Solaranlage, die das Wasser aus der Erde pumpte, allerdings leider zu schwach war, um genug für alle Tiere der Umgebung zu fördern.

Der Elefant, den ich frei hatte, brach aus reiner Not immer wieder aus seinem Einstandsgebiet aus, um zu dem Wasser zu gelangen. Der schwarze Farmer hatte Zäune um das Wasserloch gespannt, die der Elefant genauso wie den Windmotor immer wieder zerstört hatte, außerdem hatte er Leitungen ausgegraben, Wellblechbassins demoliert und weitere Schäden angerichtet, um an das Wasser zu gelangen.

Die Farmer hatten sehr unter den Verwüstungen zu leiden, zumal sie für die Reparaturen selbst aufkommen mussten und keinen Ersatz von der Regierung bekamen. Erst wenn es zu arg wird, kann auf höchster Ebene beschlossen werden – ein einzelner Naturschutzbeamter darf das nicht entscheiden –, das Problem durch Jäger lösen zu lassen. Sobald ein Tier als Schadelefant abgestempelt ist, muss er in kürzester Zeit erlegt werden, und dadurch haben wie erwähnt junge Berufsjäger die Möglichkeit, für ihr Examen einen Elefanten zu schießen.

Wir schlugen unser Lager zwischen zwei ungefähr zwei Kilometer voneinander entfernten Hügeln auf. Etwa 700 Meter weiter lagerten die Naturschutzbeamten. Der Elefant war bis dahin stets zwischen diesen beiden Punkten hindurch zum Wasser gezogen.

Lange saßen wir am ersten Abend an unserem kleinen Feuer, brutzelten Fleisch, es wurde immer später, das Kreuz des Südens stand bereits am Himmel, der Skorpion war zu sehen, und hofften. Schließlich wurden wir aber so müde, dass wir uns in unsere Schlafsäcke zurückzogen und rasch einschliefen. Wegen der Löwen und Hyänen hatte ich ein Zelt mitgenommen. Mein Fährtenleser schlief auf der Ladefläche des Pick-ups. Im ersten Morgengrauen – der Kaffeekessel stand noch auf der glühenden Kohle – schickte ich ihn los, um den Zaun zu kontrollieren, da kam die Nachricht von den Naturschutzbeamten, der Elefant sei zwischen dem Lager der Ranger und unserem Zelt hindurchgezogen. Keiner von uns hatte ihn bemerkt. Dabei hatte er zwei 2,40 Meter hohe, stabile, parallel zueinander verlaufende Zäune überwunden, mit dem Rüssel die obersten Drähte heruntergedrückt, sodass er ein Vorderbein hinüberheben konnte und sich der Draht unter seine Achselhöhle spannte. Dann hatte der Bulle ein Hinterbein über den Draht gehoben, es folgten die anderen beiden Beine, und er stand zwischen den beiden Zäunen. Die oberen Drähte waren gerissen, der untere Teil unversehrt.

Wir folgten dem Elefanten aus dem Park hinaus bis zur Wasserstelle. Dort hatte er geschöpft, erneut großes Unheil angerichtet, und war dann durch die dichten Mopanewälder zurückgezogen.

Wir mussten uns beeilen, um ihn einzuholen. Die Sonne stand bereits hoch am Himmel und die Temperatur schnellte in die Höhe, und daher wandten wir eine List an. Die Naturschutzbeamten fuhren zurück, befestigten hinter dem Auto einen großen Busch und rasten zwischen den Zäunen, quasi im Niemandsland, in niedriger Gangart hin und her, damit es ordentlich Lärm machte und viel Staub aufwirbelte. Wir hofften, der Bulle würde zurück in sein Territorium ziehen und die Zäune dort überqueren, wo er das Gebiet verlassen hatte.

Als sich die Beamten per Walkie-Talkie meldeten, sie hätten die Zäune erreicht - es war mittlerweile schon elf Uhr -, hatten wir bereits mehrere Kilometer auf der Spur des Dickhäuters zurückgelegt. Immer wieder war einer von uns dabei auf einen hohen Baum geklettert, um Ausschau nach ihm zu halten, und schließlich machten wir ihn relativ nah zu einer der Bergkuppen aus. Er war sehr unruhig, offensichtlich durch das Auto und den Staub verunsichert. Es wurde immer spannender, je näher wir dem Bullen kamen, bis er schließlich die Richtung änderte und etwa 500 Meter vom Zaun entfernt eine der Bergkuppen umgehen wollte. Zielstrebig wanderte er

Über eine Tonne schieres Fleisch, das die Not der einheimischen Bevölkerung lindert.

dorthin, wo weder Unruhe, Staub noch Krach waren, um in seinen Einstand zu ziehen. Wir rannten los, um ihm den Weg abzuschneiden. Als wir zu einer offenen Stelle kamen, die er vermutlich überqueren würde, hockten wir uns an den Fuß eines Mopanebaumes und warteten.

In Gegenwart der Naturschutzbeamten hatte ich tags zuvor einen Probeschuss mit meiner .375 Holland & Holland abgegeben. Dabei klemmte der Verschluss, und deshalb führte ich eine Regierungswaffe im Kaliber .416 Rigby. Ich kniete also mit dem geliehenen Gewehr unter dem Baum, hinter mir saß der Naturschutzbeamte mit meiner .375, dahinter mein Fährtenleser.

Nach längerer Wartezeit hörten wir den Elefanten Es vergingen aber noch aufregende, schier endlos erscheinende zehn Minuten, bis wir ihn endlich entdeckten. Er wirkte erregt. Auch wir wurden nervös. Als der Bulle dann spitz auf uns zuzog, hielten wir drei den Atem an. Es herrschte eine unbeschreibliche Spannung.

Es sagt sich so leicht: Man schießt erst auf einen Elefanten, wenn man das Weiße in seinen Augen erkennt. Dazu muss man aber verdammt nah an das Stück herankommen – 30, 40 Meter sind wohl das Mindeste. Zieht ein Elefant direkt auf den Jäger zu, ist ein Schuss auf den Rüsselansatz angebracht, andernfalls ist der seitliche Schuss zwischen Gehörgang und Auge ratsam. Ich hatte mich nun bereits auf einen frontalen Kopfschuss konzentriert.

Plötzlich raunte der Beamte hinter mir: „Bleib ganz ruhig!“ Meinem Fährtenleser gingen nämlich die Nerven durch. Er bekam wahnsinnige Angst, wollte nur noch fort. Es wäre allerdings für uns alle sehr gefährlich geworden, wäre er fortgerannt, und ich sah, wie der Beamte ihn mit aller Kraft festhielt. Noch einmal zischte er: „Du bleibst hier!“

Der Elefant kam immer näher, hatte etwas Verdächtiges bemerkt und schwenkte um 90 Grad herum. Wahrscheinlich hatte er Witterung von uns bekommen, auf jeden Fall drehte er abrupt ab und wurde schneller. Ich reagierte erstaunlich ruhig. Dort, wo er hinwollte, standen zwei Bäume. Wenn überhaupt, dann konnte ich nur zwischen den beiden Stämmen erfolgreich einen tödlichen Kopfschuss abgeben. Ich ging in Anschlag, die schwere Waffe an der Schulter, das Ziel klar im Absehen, Auge, Gehörgang, Schuss, schon war die Kugel aus dem Lauf.

Es waren knapp 30 Gänge. Im Schuss ging der Bulle zu Boden, kniete vor uns, stand auf den Hinterbeinen und stützte sich auf seine Stoßzähne. Der Beamte fasste meine Schulter, wir rannten um den gefällten Riesen herum, ich gab ihm einen Fangschuss ins Genick, und verendet brach er zusammen. Ein 35-Pfünder, ein alter, schwerer, typischer Etosha-Elefant.

Es war mittlerweile unsäglich heiß geworden. Auch die Nächte hatten keine Abkühlung gebracht, unsere Beute musste alsbald zerwirkt und das Fleisch geborgen werden. Also wurden ein sechsachsiger Magirus-Deutz-Tieflader und ein Kran geordert. Mit ihm erschienen haufenweise Frauen und Männer aus der Umgebung, bewaffnet mit Messern, Äxten und einer Kettensäge. Der Kopf des Elefanten wurde abgetrennt, mit dem Kran auf den Tieflader geladen, dann wurde der riesige Wildkörper gedreht, aufgebrochen, und es dauerte kaum anderthalb Stunden, bis er zerteilt war und ringsherum massenweise Fleischstreifen zum Trocknen für Biltong in den Bäumen hingen.

Der Kopf wurde vergraben, damit das Fleisch verrottet und die Stoßzähne ausgelöst werden können. Nach längerer Quarantänezeit bekam ich das Elfenbein. Der Wert lag damals bei etwa 8.000 Rand, das waren umgerechnet rund 400 Euro.

Das letzte Lagerfeuer – The game is over

Unsere letzte gemeinsame Nacht am Lagerfeuer unter dem Kreuz des Südens. Durch das filigrane Geäst der Akazie glitzern unzählige Sterne, lassen mich nachdenklich zum Firmament hinaufstaunen. Gedankenverloren starren wir beide schließlich schweigend in die langsam verlöschende Glut.

„Die Erinnerung ist das einzige Paradies, aus dem wir nicht vertrieben werden können", zitiert mein Freund Jean Paul, den großen Bewunderer Jean-Jacques Rousseaus, und unterbricht die tiefe Ruhe. „Wir haben ein Jägerleben hinter uns, wie es heute wohl nur selten jemand führt oder vielmehr geführt hat", meditiere ich. „Aber früher war alles besser, sogar die Zukunft."

„Der Spruch mag charakteristisch für alte Leute sein", erwidert der Freund und stochert nachdenklich mit einem Stock in der Glut, „aber war früher wirklich alles besser?"

„Auf jeden Fall für das Wild", erwidere ich, „und auch für uns Jäger, früher waren wir allein mit uns und der Natur, brauchten uns nicht in endlosen Diskussionen über die Daseinsberechtigung der Jagd zu rechtfertigen. Die Anzahl der Jagdscheininhaber hat zugenommen, die der Jäger abgenommen. Wir werden zu Schädlingsbekämpfern degradiert, das Waidwerk verkommt mitunter zu einem oberflächlichen Freizeitevent."

In der Ferne kichert eine Hyäne, als lachte sie über uns.

„Dass ein Jäger ohne die im Vorfeld gebuchte Trophäe aus Afrika zurück nach Europa fährt, kommt nicht mehr allzu oft vor", fahre ich fort. „Früher wurde Wild fast ausschließlich zur Nahrungsbeschaffung geschossen. Heute ist es ein Luxusartikel für reiche Hobbyjäger aus allen Teilen der Welt. Farmer in Namibia haben ihren Grundbesitz von Viehwirtschaft auf Wildtouristik umgestellt. In Deutschland war das Jagen durch Passion und Tradition geprägt. Heute wird es durch Technik ersetzt."

„Statt den Moment zu genießen und Positives daraus zu ziehen, dir neue Erinnerungen zu schaffen, denkst du wehmütig an die Vergangenheit, auch damals war längst nicht alles gut", merkt der Freund grübelnd an: „Nur der Wandel ist beständig – und ich bin ein gnadenloser Optimist. Die Welt wird sich auch ohne uns weiterdrehen, und solange es anständige Jäger gibt, wird es auch Wild geben."

Ein kurzer Windhauch weht beißenden Rauch in meine Augen. Der Spuk verfliegt, als ich mich erhebe und meinen Platz wechsele.

An dem schwarz verkohlten Ast im Feuer haben sich unzählige Funken gebildet, wirken wie geheimnisvolle Wesen einer anderen Welt. Dann steigt eine bunte Flamme auf, flattert wie ein sterbender Schmetterling, als wolle sie sich gegen den Tod aufbäumen, und ist auf einmal weg, urplötzlich verschwunden, verglüht. Verschwunden und verglüht wie – und ich bleibe dabei – wie die gute alte Zeit.

Nachwort
von Dr. Christian Carl Willinger

Am Ende dieser spannenden und breit gefächerten Erzählungen zweier prominenter Jäger mit einer jeweils mehr als 700-jährigen Familien- und Jagdgeschichte stellt sich für den Leser in heutigen Zeiten die Frage, ob auch künftige Generationen noch die Gelegenheit haben werden, Ähnliches zu erleben. Ein westliches Land nach dem anderen verbietet die Einfuhr von Trophäen, die Kosten für den Trophäentransfer haben sich vervielfacht, auch mit Waffen zu fliegen wird immer teurer und problematischer, letztlich erlangen radikale Tierrechtspositionen in Europa und in angelsächsischen Staaten zunehmend Deutungshoheit und werden legislativ verankert.

Ich habe jedoch nicht den geringsten Zweifel, dass passionierte Jäger dennoch weiterhin in fernen Ländern werden jagen können. Denn dem wahren Jäger geht es nicht um die Trophäe, sondern um das Erlebnis. Angesichts der heutigen Möglichkeiten, jede Trophäe per 3D-Drucker originalgetreu zu reproduzieren (siehe dazu „Jagdzeit International", Ausgabe 59), und auch angesichts der professionellen Foto- und Videoproduktionen über individuelle Jagden gibt es im Ernstfall durchaus brauchbare Alternativen, um die persönliche jagdliche Erinnerungskultur zu pflegen. Und wer es sich leisten kann, wird – nicht nur aus jagdlichen Gründen – nach einem außereuropäischen Zweitwohnsitz streben. Wir Jäger lassen uns von einer hochgradig ideologisierten Politik noch lange nicht austricksen, ebenso wenig wie die Länder, die ihre natürlichen Ressourcen eigenverantwortlich nachhaltig nutzen wollen und damit höchst erfolgreich Natur- und Artenschutz betreiben!

Gemäß der ersten interdisziplinären Jagdtheorie, wie sie von Kühnle, Müller und Eckensberger an der Universität Trier entwickelt wurde, ist Jagd im allgemeinen Sinne das Streben nach Ressourcensicherung zur Selbst- und Arterhaltung. Sie ist damit ein Urphänomen des Lebendigen, ja eine Vitalkategorie a priori, ein unabdingbares und vorgegebenes Grundprinzip, ohne das Leben, wie wir es kennen, nicht vorstellbar ist. Die Wildtierjagd des Menschen ist dabei eine von vielen Möglichkeiten, wie das Prinzip Jagd in Natur und Kultur in Erscheinung tritt. Sie hat sich beim Menschen im Rahmen der Humanevolution über zwei bis drei Millionen Jahre hinweg entwickelt und sich dabei neben ihrer Subsistenzfunktion als treibende Kraft der Gehirnevolution und der kulturellen Evolution erwiesen. Dabei erfuhr sie auch eine tiefenpsychologische Verankerung mit psychohygienischer Wirkung, die mit der Neolithisierung, vor allem aber mit dem Entstehen der Hochkulturen ihre volle Bedeutung zu entfalten begann. Schon lange zuvor jedoch war das Jagen des Menschen auf Wild eingebunden in die spirituelle Dimension menschlichen Erlebens. Diese ganzheitliche, rechtshirngesteuerte Einbindung einer eher linkshirndominierten, zielgerichteten Tätigkeit wie des konkreten Nachstellens von Wild in einen übergreifenden, kulturellen und spirituellen Rahmen ist uns hypermodernen, westlich geprägten Menschen weitgehend verloren gegangen, und wir täten gut daran, uns zurückzubesinnen. Wie die Erlebnisse in diesem Buch bezeugen, bietet sich gerade die Ursprünglichkeit der afrikanischen Wildnis und der dort verwurzelten Menschen in hohem Maße an, das wiederzufinden, was wir als Jäger und als Menschen auf dem Weg in die Moderne und Postmoderne verloren haben.

Die Autoren

GERT G. VON HARLING wuchs in engstem Kontakt mit Jagd, Hunden und Pferden auf einem einsamen Forstgut in der Lüneburger Heide auf, war im Einklang mit der Natur in die Land- und Forstwirtschaft eingebunden und ist von Kindesbeinen an mit der Jagd vertraut. Die Liebe zum ländlichen Leben wurde zu seiner bis heute ungebrochenen Passion, die Jagd auch beruflich Mittelpunkt seines Lebens. Mit 18 Jahren zog es ihn erstmals für längere Zeit auf eine afrikanische Jagdfarm, weitere Auslandsaufenthalte als Jagd- und Reisebegleiter schlossen sich an. Seine ausgedehnten Jagdreisen führten ihn in über 45 Länder.

Bevor er als Nachfolger des legendären Gerd von Lettow-Vorbeck Schriftleiter bei der Zeitschrift „Wild und Hund" wurde, arbeitete er im europäischen Ausland und in Übersee als Banker. Seine Erfahrungen veröffentlichte er in zahlreichen Artikeln der einschlägigen Jagd- und Tagespresse.

Gert G. von Harling ist mit mehr als 90 Buchveröffentlichungen Deutschlands meistgelesener zeitgenössischer Jagdbuchautor und Gründungsmitglied des Forums lebendige Jagdkultur. Der Internationale Rat zur Erhaltung des Wildes und der Jagd (CIC) verlieh ihm den Literatur- sowie den internationalen Kunstpreis. Vom Deutschen Jagdschutzverband (seit 2014 Deutscher Jagdverband, kurz DJV) erhielt er neben verschiedenen Verdienstnadeln den Kulturpreis.

Mehr unter: www.vonharling-jagd.de

HARTWIG VON SEYDLITZ gehört zur dritten Generation der Familie von Seydlitz auf Schönfeld in Namibia. Er ist einer der Pioniere der Berufsjagd und des Safaritourismus in Namibia. Er erhielt seine Berufsjägerlizenz in den frühen 1980er-Jahren und hat alle renommierten Jagdmessen in Europa und den USA besucht. Sein tiefes Verständnis für die Natur, seine Begeisterung für Namibia und seine umfangreiche Erfahrung machen ihn zu einem hervorragenden und erfolgreichen Jagdführer.

Wegen seiner zentrale Lage 270 Kilometer nordwestlich von Windhuk ist Schönfeld nicht nur ein ideales Ziel für Jäger, sondern auch ein idealer Ausgangspunkt für Fotosafaris und Ausflüge in das vielfältige und faszinierende Land. Hartwig von Seydlitz betreibt seine Farm gemeinsam mit seiner Frau Elke.

Mehr unter: www.schoenfeldsafaris.com

Hartwig von Seydlitz (links), Gert G. von Harling (rechts)

DER FOTOGRAF

REMO ENGELBRECHT, Jahrgang 1967, ist deutschstämmiger Südafrikaner, dessen Familie in der sechsten Generation in KwaZulu-Natal lebt. Nach seinem Studium in Pretoria und dem Militärdienst in der südafrikanischen Armee unterrichtete er 14 Jahre lang in verschiedenen Schulen in Natal. Schon während dieser Zeit unternahm er als ausgewiesener Kenner der Fauna und Flora Afrikas ungezählte Reisen. Heute organisiert und führt der international bekannte Kameramann erfolgreich individuelle (Foto-)Safaris, unter anderem nach Tansania, Uganda, Kenia, Namibia und Botsuana, aber auch nach Indien sowie ins Pantanal, Brasilien, und bringt mit seinem enormen Fachwissen seinen Gästen die Tier- und Pflanzenwelt näher.

Mehr unter: www.remosafaris.co.za

Remo Engelbrecht